产品设计理论及其创造力研究

刘 剑◎著

中国水利水电出版社
www.waterpub.com.cn
·北京·

内 容 提 要

《产品设计理论及其创造力研究》是一本关于产品设计的理论著作，书中围绕产品设计和创造力研究方面的内容展开论述。

本书 以产品设计的要素与特征表达、产品的核心——产品功能与设定、产品设计的结构与造型、产品设计的类别与形态表达、产品设计的思维原理与核心、产品创意思维的过程与创新设计作为主要内容，全面阐释了产品设计理论以及产品创造力的观点。

本书理论观点突出、内容丰富、逻辑性强，适用范围较广，是一本实用价值较高的著作。

图书在版编目 (CIP) 数据

产品设计理论及其创造力研究 / 刘剑著 . — 北京：中国水利水电出版社，2018.6 （2025. 6重印）
ISBN 978-7-5170-6621-7

Ⅰ . ①产… Ⅱ . ①刘… Ⅲ . ①产品设计 – 研究 Ⅳ . ① TB472

中国版本图书馆 CIP 数据核字（2018）第 149399 号

书　　名	产品设计理论及其创造力研究 CHANPIN SHEJI LILUN JIQI CHUANGZAOLI YANJIU
作　　者	刘　剑　著
出版发行	中国水利水电出版社 （北京市海淀区玉渊潭南路 1 号 D 座　100038） 网址：www.waterpub.com.cn E-mail：sales@waterpub.com.cn 电话：（010）68367658（营销中心）
经　　售	北京科水图书销售中心（零售） 电话：（010）88383994、63202643、68545874 全国各地新华书店和相关出版物销售网点
排　　版	北京亚吉飞数码科技有限公司
印　　刷	三河市元兴印务有限公司
规　　格	170mm × 240mm　16 开本　15.5 印张　200 千字
版　　次	2018 年 8 月第 1 版　2025 年 6 月第 3 次印刷
印　　数	0001—2000 册
定　　价	74.00 元

前　言

当今中国，经济发展社会发展都处于一个高速前进的时期，为了使我国的产品制造能够在世界竞争大潮中立于不败之地，就需要我们大力发展产品设计，这是因为，产品设计在经济发展过程中占有至关重要的地位。世界工业的发展状况充分表明，工业产品设计是推动经济腾飞的必要因素，所以我们想要提高综合国力，就必须沿着这个途径前行。

回顾过去，从20世纪90年代开始，中国的设计教育事业逐渐发展起来，并取得了十分显著的成果，在全国各大院校中也都设立了与设计有关的专业。随着我国各行各业对设计人才的需要，尤其是对产品设计人才的需求不断增大，我国设计行业的发展形势一片大好，对产品设计人才以及产品设计的理论研究也进一步深入，并和国际社会接轨，不断突破旧有的产品设计观念和思维。有鉴于此，本书作者结合自身实践和理论研究，撰写了这本《产品设计理论及其创造力研究》，详细论述了产品设计的各方面内容。

本书总共分成六章内容：第一章是产品设计的要素与特征表达，第二章是产品设计的思维原理与价值，第三章是产品设计的类别与形态表达，第四章是产品设计的功能核心与设定，第五章是产品设计的结构与造型，第六章是产品创意思维的过程与创新设计。每章都有选择、有侧重点地进行论述，增强了本书的可读性。

本书在撰写过程中努力突出以下几方面的优势：首先，通过对产品设计要素与特征、功能设定、结构与造型等基础理论的架构，将产品设计的相关理论体系结合起来，使产品设计的内容丰富、全面。其次，本书通过整合产品设计的有关内容，架构起一个合理的框架，从理论、思维到案例分析，脉络清晰。最后，本书的语言流畅，以专业化语言做出通俗的分析，可以帮助初学产品设计的人更快理解相关定义。

在本书撰写过程中，作者得到一些国内外专家学者的帮助与支持，同时还参考了一些相关专业的理论著作研究成果，并引用了互联网中一些新的理论知识，在此向其作者一并表示感谢。由于本人理论水平有限，加之时间仓促，书中出现欠妥之处在所难免，希望读者多提宝贵意见，以便本人修改完善。

作　者

2017 年 4 月

目 录

第一章 产品设计的要素与特征表达

产品设计是现代工业设计技术发展的核心。随着现代工业化发展进程的不断推进，人类也正在逐步走向从根本上改变了生产方式与生活方式的信息时代。产品设计在现代物质文明和精神文明发展过程中占据了重要的地位，为人们提高生活品质创造了条件。本章重点研究的是产品设计的要素和特征表达，以此展开对产品设计相关知识的论述。

第一节 产品设计的六大要素分析

产品设计的要素众多，在进行产品设计的过程中，需要我们考虑到的要素并非只有一种，而且需要考虑诸多要素之间的综合关系。在设计中完美地协调多种要素之间的关系，是产品设计能够成功的关键。

随着社会经济和科学技术的发展，特别是人们精神需要的增强，对产品设计提出了更多更高的要求。因而产品设计要素被赋予了新的内涵，正是基于此，我们把产品设计的各种要素综合考虑，将其分为六个方面，主要是人的要素、技术要素、环境要素、审美形态要素、经济要素及文化要素，其系统如图 1-1 所示。

一、人的要素

人的要素是产品设计的最基本要素，是产品设计的关键所在。因为任何设计都是从人的需要出发，最后到满足人的需要为止，能否满足消费者显在和潜在的需要才是评价设计优劣的唯一标准。离开了人的要素，设计将失去生命力，犹如植物失去土壤，不但无处着力，更将逐渐走向枯萎。设计中人的要素既包括生理要素，同时也包括心理要素，如人的需求、价值观、行为意识、认知行为等。

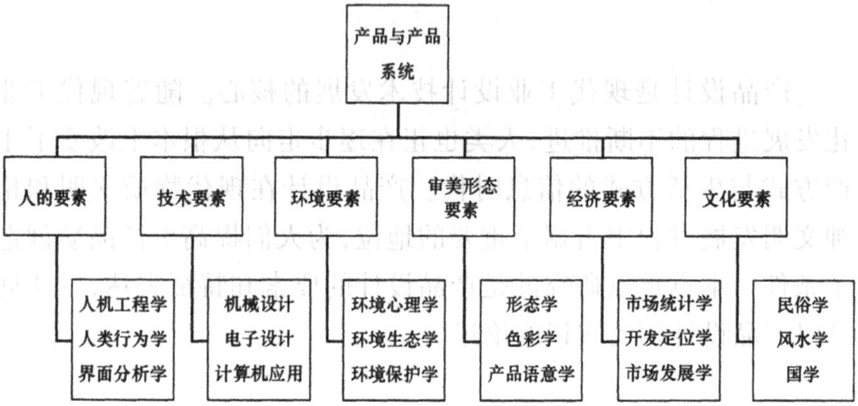

图 1-1　产品设计的六大要素

产品设计主要是以人为核心，人类有多种多样的需要。这些需要能够对人们的生活意识和认知行为产生十分重要的影响。美国人本心理学家马斯洛 1943 年提出研究人类需要的理论，即马斯洛需要层次论，该理论现在被广泛接受。这个学说把人的需要看作一个多层次组织系统，是由低级向高级逐级形成和实现的。这个理论认为，人类存在着七种基本的需要，这七种需要按照各自的重要性排列成从低级向高级需要发展的不同层次，分述如下。

（一）生理需要

生理需要主要是指人对生存的需要，是人类需要中最基本、最强烈、最原始、最显著的一种需要。它主要包括人对衣、食、住所、性等多方面的需要。这类需要如果得不到满足，就会危及人的生存，所以，生理需要也是人类最基本的需要，它同时还是推动人们行动不断发展的最强大永恒的动力。在产品设计过程中，设计师能够通过人机工程学的研究满足人的生理需求。

（二）安全需要

当人类的生理需求得到满足之后，就会希望自己的安全需要得到满足。安全需要主要包括多个方面：心理安全、生理安全、环境安全等。其主要表现是人们总会希望处在一个相对安全、有秩序的环境中，产品能够安全、可靠，已经逐渐发展成为企业能否生存与持续发展的最重要的因素之一。国际国内为此都制定了一些相应的标准，按照产品可能会在使用过程中遇到不同的环境做了相关的模拟测试。确认产品的工作性能与适应性，以便能够保证产品在使用过程中不出现安全性问题。

（三）社交性需要

社交性需要主要是指人作为社会化的个体，对归属与尊重都有迫切的需要。在前两种需求得到满足之后，社交性需要在这时就开始变成一种十分强烈的动机。这时人们就会迫切希望获得别人的支持、理解与安慰；希望进行人和人之间的社会交往活动，以此来保持一种友谊、忠诚、信任与互爱。

（四）自尊需要

人都有自尊心与荣誉感，都希望获得一定的社会地位，获得荣誉，受到别人的尊重，享有一个比较高的威望。消费者也都有自尊心，希望在社会上获得一定的需求，主要包括独立、自由、自信、地位、名誉、认同等，这实际上也是关系个人荣誉感的需要。

（五）审美需要

人的智慧从客观方面决定了人们对美好事物有所追求。动物仅仅是本能地适应这个世界，但是人类则能够通过自己的智慧发现世界上存在的很多美好的东西，从而丰富自身的物质生活与精神生活，以此达到愉悦自身的最终目的。同时也进一步完善自己，通过对美好事物的欣赏，尤其是对人性中存在的友情、亲情、爱情的审美，为人们提供心灵的慰藉，满足他们因为物质丰富而带来的心灵空虚。

（六）认知需要

这是消费者为了能够适应周围的社会与自然环境而对自身学习、认知、增长文化科学知识、发展智能与体力、提高思想修养以及道德情操等多个方面的需要。这种需要在一定程度上可以让消费者自我更新，对提高社会科学技术水平与人类文明程度都起到了比较积极的效用。

（七）自我实现的需要

在前面六种需要都获得一定程度的满足之后，人们就会努力追求一个更高层次的需求——自我实现的需要。所谓自我实现，主要是指人们对发挥与满足自身潜在能力的一种需求，表现为一种个性化的需要，发生在不同人的身上，这种自我实现的需要往往也会以不同的方式展现出来。通常总是希望自己可以发挥出自己的潜能，干出一番大事业，从而获得一定的成就，实现自身的理想，逐渐发展成为一个自己所期望的人。

二、技术要素

现在社会，科学技术日新月异，为产品设计师提供了大量新产品设计的可能性条件，产品设计也能充分满足人们不断发展的物质需要。

高科技的迅速发展，正逐步改变着人类生产生活的方方面面。它给许多设计师提供了展示设计才能的机会，同时众多的时代性设计风格也应运而生。产品流行性趋势的形成是这一时代的科学技术和由此带来的生活状况的变化以及由此形成的生活、文化和审美三者综合力量的显示。

一方面,科技赋予设计更为广阔的拓展空间,在未来的竞争中,重点必定要在提倡新技术、新科学等多个方面;另一方面,计算机技术得到迅速发展,使得设计和技术之间的关系变得越来越紧密。

随着现代科学技术的快速发展,各种新原理、新技术、新材料、新工艺、新结构在产品的设计过程中也得到了进一步的推广与应用。科技的新成就也对产品的艺术设计起到了决定性的影响。

三、环境要素

各式各样的产品组成了人们生活的人为环境,它们往往不是单独存在,而是成套、成系列的,体现各自的功能特点,如图 1–2 所示。

图 1–2　产品各组件的协调一致

另外,产品总是存在于一种较为特定的环境之中,只有和特定的环境进行结合才能彰显出其真正的生命力。图 1–3 所示的座椅设计,不同的环境条件下会有不同的式样,也会起到不同的功能。

（a）家居环境用椅

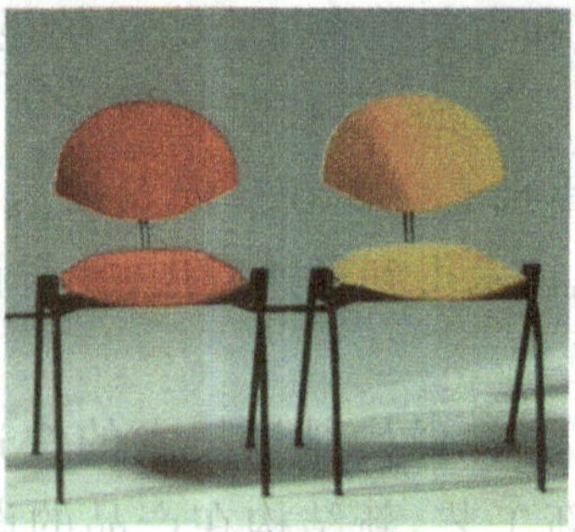

（b）公共场所用椅

（c）餐饮场所用椅

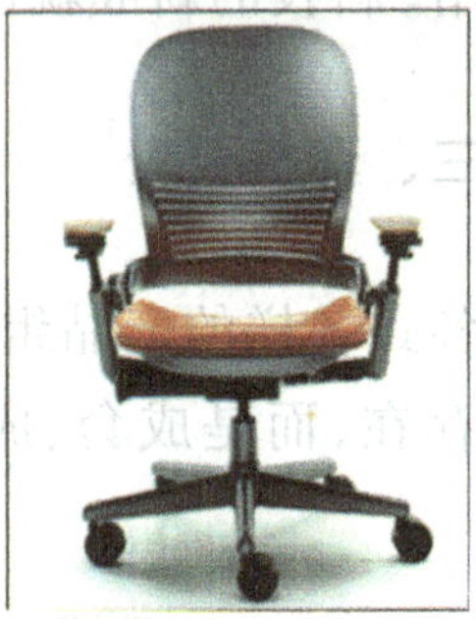

（d）办公用椅

图 1-3　同类产品在不同环境中的使用

四、审美形态要素

美能够唤起人们的心灵与精神，给人一种感官上的愉悦之情。从这个角度对“形态”进行理解，主要包含两层意思。所谓“形”是指物体的外形或形状，而“态”是指蕴含于物体之中的“神韵”或精神“势态”。

形态离不开特定物质形式的具体体现，随着现代数字化时代技术的发展以及技术的“不可见”性及加工制造新技术革命的出现，产品的审美形念也逐渐向强调物质和精神并重的“功能服从虚构”“意味设计”的方向逐渐转变。图 1-4 所示的水壶与座椅设计，表现出丰富的具象化精神内容与审美倾向。

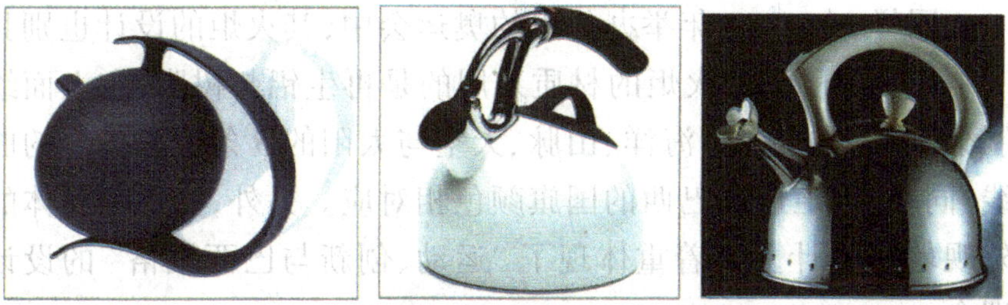

（a）形态各异的水壶审美设计

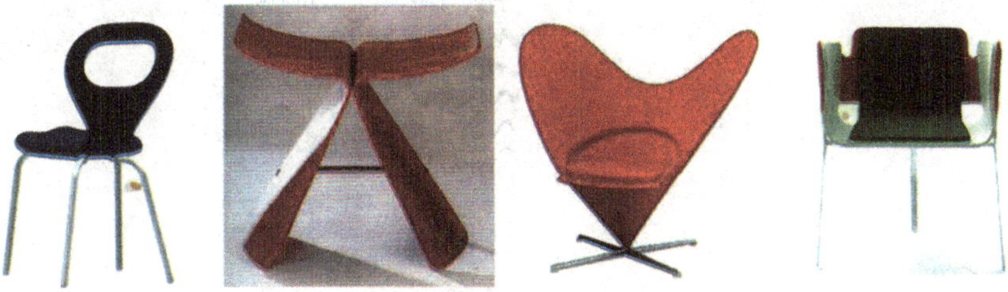

（b）座椅的不同审美形态

图 1-4　产品的形态审美

五、文化要素

任何一种设计都不能脱离文化，那些具有深厚文化底蕴的设计通常都是最具有生命力的设计。

如雅典奥运会火炬（见图 1-5）就是由著名的设计大师安德雷亚斯·瓦罗佐斯主持设计的，他从橄榄叶的形状中获得灵感启发，通过火炬的传递把橄榄叶象征的和平信息传遍全世界，同时也和奥运会的会徽相互呼应（2004 年举办的雅典奥运会会徽是一个橄榄枝围成的桂冠）。

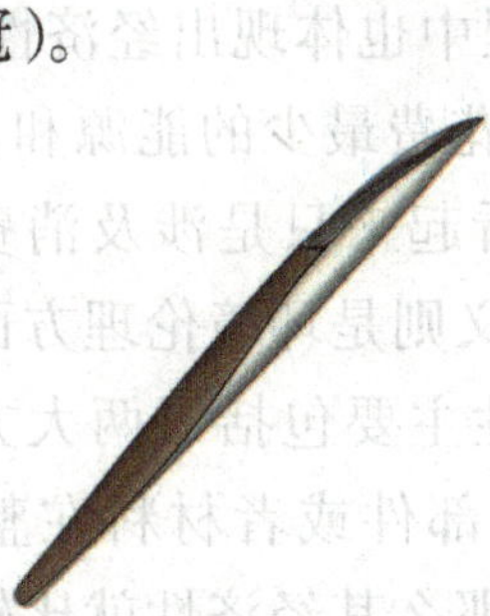

图 1-5　雅典奥运会火炬

同样，在2016年举办的里约奥运会中，其火炬的设计也别具一格(见图1-6)。火炬的材质采用的是再生铝与树脂，它上面绘制分别代表了大地、海洋、山脉、天空与太阳的5条色彩各异的曲线，同时，火炬还和巴西的国旗颜色相对应。另外，火炬在整体的外观轮廓设计上还着重体现了“运动、创新与巴西风格”的设计理念。

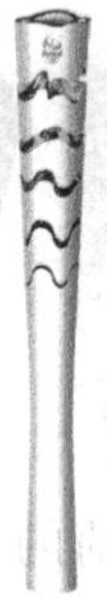

图1-6 里约奥运会火炬

六、经济要素

经济要素对产品设计的约束作用主要体现在产品生命周期中三个主要的阶段，也就是产品的生产制造和流通的经济性，产品使用的经济性以及产品废弃的经济性。

产品的生产制造和流通的经济性主要体现在产品的生产成本和流通运输成本，它们主要包括产品制造所用的材料、人力、设备、能源、运输、储藏、展示、推销等多种费用。

在产品的使用过程中也体现出经济性，主要是指产品进入使用的过程之中以后，以花费最少的能源和其他资源达到最优的使用效果。这在表面上看起来只是涉及消费者的使用成本支出多少，但是更深层次的意义则是环境伦理方面的问题。

产品废弃的经济性主要包括了两大方面。首先是产品在废弃之后，可以回收的零部件或者材料在整机价值中所占有的比重。如果比重比较大，那么其经济性就比较高；反之则较低。

产品经过一段时间的使用之后，都会到达设定的年限或者使用的次数限制，并经过维修之后仍然无法正常使用的，就进入了废弃环节，也就是作为废品的概念加以处理。产品废弃的经济性问题主要是指资源的伦理问题，是对整个设计思想伦理价值的具体体现。由于它直接涉及人类“可持续性发展”的理想和目标，所以要在产品设计中注意相关的理论知识。

第二节 产品设计的特征举要

一、设计的文化特征

（一）设计的文化特征内容

1. 设计的多元化

当今社会飞速发展，世界的经济、政治呈现出多元化趋势，这就要求设计也要朝着多元化、个性化的方向发展。从经济市场角度看，不管是何种设计，不但要重视其基本功能与新技术开发，更要重视产品是否能够满足消费者的精神需求。从另外一个方面来说，设计对民族文化的追求在一定程度上也能推动民族文化传统的传承与发展，把设计和民族文化真正融合在一起，使之发展传承。

2. 设计的民族化

中国具有五千年的历史积淀，设计可以从中开发出创作灵感。一方面，我们能够从前人以及过去的历史文化中继承传统，用新的方式诠释或创造出新东西来；另一方面，中国的现代设计还要建立在对外来文化科技引进的基础上，做到以传统文化为本，现代观念为用。与此同时，我们还要积极地掌握住新信息技术，为我们的设计提供更多的表现以及实现的可能。

3. 个性风格和文化

设计的灵魂是个性风格以及表达的方式。不管从事哪种设计和创作，个性风格都应该是每个设计师需要追求的核心部分。但是，设计需要在特定的文化背景参与下以及环境的制约下才可以展开并最终完成，是文化的有机构成。文化同时也具有时代性、民族性与阶段性，因此，设计的行为与结果也总会在不同的程度上积淀民族历史的某些成分和因素。

（二）设计的文化特征表现

设计文化主要是人类利用艺术的方式创造物品的文化形式。

设计并不是一种单纯的艺术现象，它首先是人类为了自身生存而做出的一种造物活动，是人为了能够实现实用功能价值与审美价值中的物化劳动形态。这些人造物体进一步承载了文化内在和外在的有关内涵，反映出了在特定时空中人们的生活方式、价值观念及社会状况、技术、生产方式等。所以，人类的文化背景都能够深刻地影响产品设计的行为。

从文化学的视角来看，设计艺术中所说的造物，通常是指具体物态化的产品，造物活动主要是指人们创造性的劳动过程以及文化意义。

设计可以分成三个重要的层次。首先，设计的物质层。它主要是指设计的表层，具体是指设计文化要素的物质载体形式，它具有比较明显的物质性、基础性和易变性特征。如各个设计部门与设计产品、交换商品的场所中，消费者在使用产品过程中的一系列消费行为等。其次，设计文化的组织制度层。这一个层次主要是处于设计文化结构的中间层，同时也是设计文化内层的具体物化。它有比较强的时代性与连续性特征。其中包括了协调设计系统各个要素之间的相互关系，对设计行为起规范作用并进行判断、矫正设计组织制度等。最后，设计文化的观念层。它指的是一种文化的心理状态，因此也能够被认为是一种设计文化的意识层。它处在产品设计的核心与主导位置，是设计系统各个要素所有活动的基础与重要依据。主要表现为生产与生活观念、价值观念、道德伦理观念、民族心理观念等多个方面。它在人的内心中存在，并因此规定了自己的发展特质，吸收、改造或者排斥异质文化的相关要素，能够左右设计的发展趋势。

从物质和精神两方面来理解文化，对于全面把握文化结构和性质是至关重要的，人类的设计作为造物文化，首先是物质文化的存在，其次是物质文化与精神文化的综合存在，因此，必然要打上时代、民族地域的文化烙印，体现为物质功能及精神追求的各种文化要素的总和（见图 1–7）。就是说文化是人的产物，人也是文化的产物，人创造文化，同样文化也造就人。

图 1–7　产竹子地区的竹杯设计

设计文化所体现的是物质文明与精神文明的综合存在，最能深刻地反映人在文化中的创造性和能动性，设计文化作为人本质力量的对象化，是我们理解人类文化的一个典型范例。

二、设计的艺术特征

艺术史家潘诺夫斯基曾经在 20 世纪 50 年代做出过暗示：17 世纪时期的西方科技革命，其根源能够上溯到 15 世纪时期的“视觉革命”。之后，在 20 世纪以前的一个相当漫长的历史发展演进过程中，美术和设计长时期都被归于艺术创造的范畴之内。19 世纪末，“工艺美术运动” 的主要代表人物之一——威廉·莫里斯进一步提出了“艺术和技术相互结合”的原则，主张美术家更多地从事产品设计领域的工作，不仅揭示出了设计和艺术之间存在的必然联系，同时还显示出了设计师们独立的设计姿态。

（一）设计的艺术含量

设计的艺术性质早在康德时期及更早出现的英国经验主义哲学中就能够找出相关的理论基础。康德认为，美可以分为两种形式，也就是自由美与依存美，其中，后者包含的对象合乎目的性。康德认为，只有当对象十分吻合它的目的时，它才有可能完美。我们都知道，设计是一种比较特殊的艺术，设计的创造过程往往是需要遵循实用化的求美法则的艺术创造过程。而实用化的求美并不是进行“化妆”，而是要以专用的设计语言加以创造。在西方，工业设计往往会被人们称作工业艺术，广告设计也会被人们称作广告艺术等。设计被人们当作一种艺术活动，是艺术生产十分重要的方面。设计对美的不断追求，也决定了设计过程中不可缺少艺术含量。

不可否认的一点是，在包豪斯时代，结构主义抽象形式的设计和新造型主义时期的绘画与雕塑设计都存在着十分惊人的相似之处。

在近代时期，现代设计和现代艺术之间所存在的距离日益缩小，新的艺术形式出现也极易促进新的设计观念出现，而新的设计观念的出现往往也极易成为新艺术形式产生的重要契机，如图1-8 ~图1-11所示。

现在，设计能够以科学技术作为创作的重要手段，还能以计算机辅助设计。这并不会造成设计艺术特性的损害，反而会让现代设计具有一种科技含量比较高的艺术特性，如全新材料的美、精密的技术美等，如图1-12所示。

图 1-8　里特维尔德红蓝椅

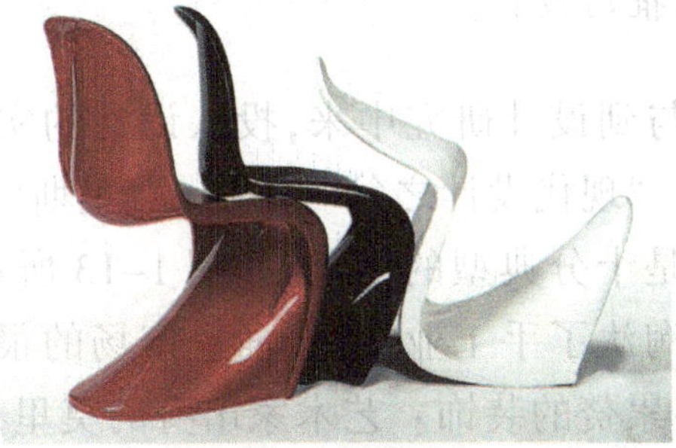

图 1-9　潘顿椅

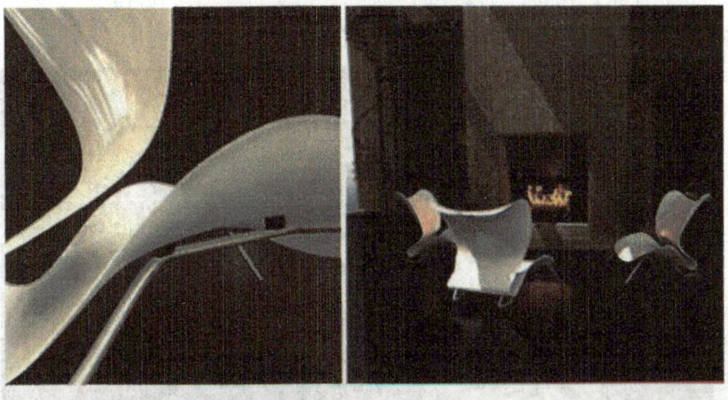

图 1-10　兰花椅

图 1-11　创意椅子

图 1-12　椅子的造型美

（二）艺术推动设计

艺术家参与到设计研究中来，投入设计的实践，能够推动设计的不断进步。“现代设计之父”威廉·莫里斯（William Morris）的产品设计就是十分典型的例子，如图 1-13 所示。机器大生产的出现进一步淘汰了手工业作坊，涌进市场的很多产品粗糙、丑陋，附加了很多累赘的装饰。艺术家出身的莫里斯就下决心解决这个弊端，他亲自兴办工厂，开商店，为社会设计出了一大批清新自然的家具、瓷器与书籍，如图 1-13 所示。

图 1-13　莫里斯的产品设计

设计师投入精力关注艺术创造，投入艺术的研究中来，也能够极大地推动设计的发展进步。布鲁尔用钢管、皮革以及纺织品等作为设计材料，推出大量功能较好、造型现代化的椅子、桌子、茶几等产品。图 1-14 所示的瓦西里椅，深受人们的欢迎。

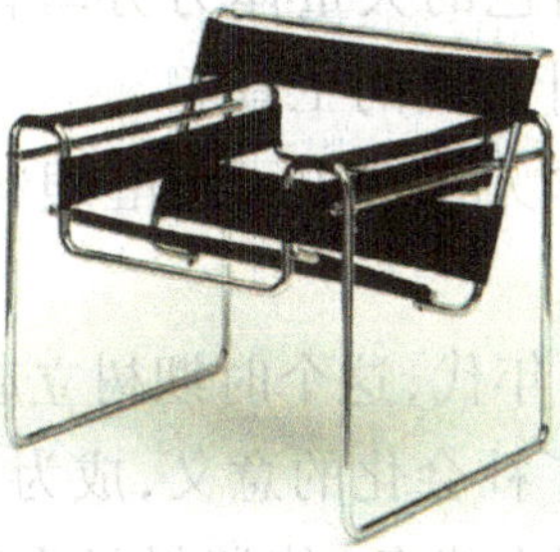

图 1–14　瓦西里椅

三、设计的科技特征

设计的发展总会受到生产技术进步的影响。第一种销售量超过百万件的产品是托内特椅——一种弯圆形体的产品设计，这种椅子作为小酒店的椅子在 19 世纪中叶出现，是因弯木和塑木新工艺的出现而形成的产物，如图 1–15 所示。

图 1–15　托内特椅

（一）设计与科技进步

设计是在工业革命发生之后才逐渐开花结果的，这促使我们思考设计和科技间的深刻关系。18 世纪之前，人类大都依靠自然为动力，如风力、水力、畜力等，自从蒸汽机发明之后，新的动力机器代替了原始的动力。蒸汽机的应用促使生产技术与社会结构发生了深刻的变化，同时，这个时期的手工生产活动也往往以行会的形式组织发展起来。设计师能够向很多制造商出售自己的图纸，而担任制造角色的大量体力劳动者——工人，则逐渐成了设计师实现自身设计意图的工具。

20 世纪初期，美国人创造出了酚醛塑料，由此拉开了塑料工业发展的序幕。

塑料在 20 世纪 30 年代，这个时期树立起它独特的工业地位，而且被设计师们赋予了社会化的意义，成为“民主的材料”。纳吉为塑料造型的中介，配上光色，使塑料具有独特的魅力，因此，纳吉在舞台设计与电影设计中都采用了光的表现方式，充分显示出了塑料在美学方面的无限潜力。它们大都受到工业设计师们的青睐，被广泛地应用在各种产品中，如电话机、电吹风、家具、办公用品等，如图 1–16 所示。新型塑料的初选，使其多样化发展成为可能，鲜明的色彩以及成型工艺方面的灵活性，使很多产品设计都呈现出一种极为新颖的形式，20 世纪 60 年代已经被人们称作“塑料的时代”。我们在这里能够看到，新材料的出现总是鼓励设计师们向新的形式持续探索。

（a）K499 儿童可堆积椅子

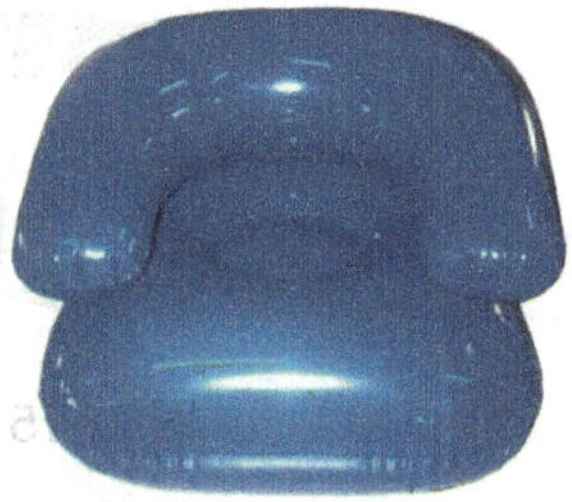

（b）充气扶手椅子

图 1–16　塑料在产品设计中的应用

现代信息技术的发展，引发了设计生产领域以及设计模式划时代发展的重大变革。

信息技术以微电子技术作为重要基础，而微电子技术的发展最先得益于 20 世纪 40 年代末期出现的晶体管的发明，这种发明的出现，使电子装置朝着小型化方向发展变成了可能，同时，小批量的生产为设计的定向多样化发展提供了可能。

(二)设计是科技商品化的载体

科技是一种战略资源,但是,人类要想能够享受到这种巨大的资源,还需要有某种载体作为基础,这种载体就是设计。新的科学技术、现代化的管理、巨额的资本投入等,都要经过这一个媒介的转化才能发展成为社会的财富。

设计和技术之间的关系是开发与适用的关系。设计是将现代的技术文明用在日常生活与生产过程中去。实际上,从口红到汽车,从电影到玩具飞机,甚至是坦克的制造,如果缺少了设计者的参与,都是不能得到实现的(见图 1-17)。

图 1-17　现代产品的设计

四、设计的经济特征

英国前首相撒切尔曾经在分析英国的经济状况以及未来的发展战略时深刻指出,英国的经济发展与振兴一定要依靠设计。

英国的经济发展战略是十分明确的,英国设计以自身高度的逻辑性,对广大消费者愿望的充分理解与销售系统间的完美结合(见图 1-18),为英国赢得了全球市场。20 世纪 80 年代,英国设计界迅速涌现出了大量的百万富翁,如康兰、彼得斯、费奇以及

“五角星”集团等。有很多优秀的设计师都是著名的企业家。

图 1-18 英国产品创意设计

“二战”之后，日本的经济百废待兴，日本政府大量引入了现代工业产品设计，将设计视为日本走向强国之路的发展战略，有的国际经济界专家学者们分析认为“日本经济 = 设计力”，如图 1-19 所示。

图 1-19 日本的产品设计

五、设计的创新特征

设计是科学和艺术相互统一的产物。在思维层次方面也必定包含了科学思维和艺术思维两种比较重要的思维特点，或者说是两种思维方式相互整合的结果。

科学思维也属于逻辑思维，它属于一种锁链式的、环环相扣的、递进式的思维方式。

艺术思维主要是以形象思维作为主要的特征，包括灵感思维（或者直觉）在内。灵感思维是一种非连续性、跳跃性、跨越性的思维方式，通常都会将灵感思维与形象思维一起合称为艺术思维。

科学思维与艺术思维属于人类认识世界过程中的两种不同思维方式。但是发展的趋向却是不一致的。科学的抽象思维表现为对事物间接的、概括的认识，它用抽象的或逻辑的方式进行概括，并用抽象的概念和理论进行思维，所谓“概念是思维的细胞”，概念与逻辑逐渐成为思维的核心所在。而形象思维则采用一种典型化、具象化的方式加以概括，用形象思维的方式进行建构、解构，进而寻找与建立起一种表达的完整形式。

在人的实际思维过程中，两种思维通常都是相互沟通的关系。乔治·萨顿在其所著的《科学的生命》一书中说：“理解科学需要艺术，理解艺术也需要科学。”所以，设计的创造性思维具有的基本特征能够归纳成以下三个方面。

首先，设计的创造性是一个包括了量变和质变的形式，从内容到形式、从形式到内容的多阶段的创造性思维过程。

其次，设计的创造性思维属于多种思维方式之间的综合运用，其创造性也能够充分体现在这种综合中。

最后，从设计的有关特点来看，设计思维过程中一定会包括直觉、灵感、臆想等和外观进行有机的连接，分析的还原以及综合的归纳、设计产品反馈的利用和控制的运筹等，从而最终完成新设计（见图 1-20）。

图 1-20　垃圾桶设计

第二章　产品设计的思维原理与价值

思维决定设计，设计体现思维。设计的过程就是创造的过程，产品设计离不开创造性的思维活动，设计思维必然是一种创造性思维。产品设计需要利用创造性思维激发创意火花，并需要用适当的设计语言表达出相应的解决问题的方式方法。另外，产品设计还应该考虑用户的使用与审美需求。因此，本章综合探讨产品设计思维的方法与创意形式，并对以用户为中心的设计原则展开探讨。

第一节　思维原理

一、思维与思维方法

（一）思维

人借助于思维将自己的本质力量对象化，因此设计与思维在产品设计的过程中是一个完整的概念。"设计"是前提，限定了思维的范畴；"思维"是手段，借助于各种设计表现形式。

美国全国教育协会在《美国教育的中心目的》一书中说："强化并贯穿于所有各种教育目的的中心目的——教育的基本思路——就是培养思维能力。"世界一流的大学不是训练一个人的智商，而是智慧，目的是使他们在快速多变的世界中有游刃有余的能力。知识可能会过时，但好的思维方式却让人终身受用。

产品创意思维是一门培养学生思维方式的课程，其中培养创造性思维，进行创造性实践，取得创造性成果，这“三部曲”可以说是设计师走向成功的必然路径。人们赋予21世纪一个明确的定位——知识经济时代，从实质上讲，知识经济首先指的是不同于农业经济、工业经济的新型经济形态，同时也涵盖了一种与之相适应的新的思维方式、生活方式和工作方式。从某种意义上讲，创新是知识经济时代最显著的特征，创新能力是知识经济时代最需要的能力。创新是一个民族进步的灵魂，是国家兴旺发达的不竭动力，一个没有创新能力的民族，难以屹立于世界先进民族之林。

我国的大学教育受传统文化的影响非常明显。我国所推行的知识教育更多的是培养人们从事非创造性的“再造性”活动。独创力的培养属于能力开发的范畴，培养人们面向未来，从事具有创造性质的开拓性工作。一般来说，如果一项活动只是依靠吸收、模仿、学习等重复的过程，而不具有某种变革和突破，则不属于再造性活动。再造性活动是一种基本上利用现有的知识和经验，或者只做一定程度的调整就能完成的活动，其特征是遵守规则、规范，不许节外生枝、随意改变。再造性活动占人类活动总量的绝大部分，它量大面广，与绝大多数人休戚相关。譬如常规生产、各种工艺要求以技术文件等形式下达给操作者，操作者严格执行，这样才会生产出与标准样品完全一样的合格产品。如在农业生产中，人们日出而作、日落而归，春播、夏作、秋收、冬藏，年复一年，代代相传；会计工作中的设置账户、复式记账、审核凭证、登记账簿、成本计算、财产清查、编制会计报表等都是绝对规范而统一的。从某种意义上来讲，再造性活动的实质是追求“把事情做好”，而创造性活动则追求的是“做最好的事”。但是在一般情况下，任何创新都要承担一定的风险。即使一个小小的创新的想法，也有可能让你在众人面前丢脸或者考试不及格。面对这些问题，还有多少人能够有创新的勇气？这就是为什么我们有这么多的设计学院每年培养出那么多的毕业生，但中国的设计却始终不能走向世界的原因。①

美国数学家加德纳说过："你考虑的可能性(不管它多么异乎寻常)越多，也就越容易找到真正的诀窍。"创造本身是一种探索性的活动，创新设想的产生不应受到限制，如果人人都成熟到一切按书本的定论去做，那么科学技术不会进步，社会也不会发展。事实上，许多促进发明创造的技法都是针对克服人的一种或多种思维障碍而设计的。

现代很多产品设计也同样是从画家的作品中得到灵感的。比如源于超现实画派达利绘画而设计的椅子和莫兰迪的陶瓷器皿(见图 2-1)。

图 2-1 创意产品

Habitat 公司邀请了 22 位设计师和名人来为其设计漂亮而实用的产品。然而，最令人满意的不是专业设计师的作品，而是一位没有学过设计的音乐家设计的鞋拔子。这个结果可真出人意料！一个从没有学过设计的音乐家为什么可以设计出全部评委都为之喝彩的作品？因为他没有局限性，很多设计领域里的条条框框对他不起作用，他用局外人的思维来设计，反而获得了成功。

除了注意多向思维的质量外，单方向也可以进行发散，引出思想分支，但这只是低水平的发散，多向发散才是我们应当追求的。

比如提问：铁丝的用途。回答：(1)捆箱子、捆袋子等；(2)晒衣服等。不管想出多少个捆，结果还是"捆"，这就是单向发散。

① 白晓宇．产品创意思维方法[M]．重庆：西南师范大学出版社，2016.

如果灵活地想想铁丝具备的其他属性，如重量、长度、硬度、体积、传导性等，从这些方面再去多向思考，就可得到关于铁丝用途的上百上千种新颖的设想。

坚持思维的独特性是提高多向思考质量的前提。重复自己脑子里边早已定型的东西或别人已经提到过的东西，思维再怎么发散也难出新意，在思考问题时，需要尽可能多地为自己提一些“假如……”“假设……”，从独特的角度去想他人不敢去想或从未想过的东西，它能引导你去超越现实时空和自我。多向思考并不神秘，它的基础就是联想和想象，联想和想象是每个正常人都具有的思维本领。所谓联想，就是指思路的连接，将事物联系起来思考，即由所感觉或所思考的事物、概念或现象的刺激而想象与之相关的其他事物、概念或现象的思维过程。通过联想可以引申和沟通思路，促进多向思考，但是联想只是将思路连接，而连接后的新思路、新设想、新方案的产生还需要利用想象。所谓想象，是指人的大脑对已有的感性形象进行加工、重组、调用，从而形成新形象、新思路的思维过程。想象力是多向思考能力的一个重要因素，也是独创力的基础。在我们平凡枯燥的生活中，只要花费一点点心思，像斑马线、下水道、窨井盖等普通的东西就会变得独特，生活也马上生动起来。可见思维方式在设计中的重要性。同时，不单单在设计上，在生活、经营、管理方面，创造性的思维同样重要。以较宽的标准看待创造性思维，我们会看到，创造性思维具有行业普适性和个体、群体普适性的特点。现实生活和社会实践的各个领域都需要每个人发挥各自的独创力，这样，正如支流汇成江河一样，它将具有极明显的积累和叠加效应，使创新思维和意识普及到全社会。除公认的科学发现、技术发明、技术革新活动外，其他各个领域都迫切需要独创性，任何人都可以从自己的角度提出具有独创性的想法。目前，许多人普遍热衷于用所谓的“点子”或“创意”来表示那些新颖的设想（见图 2–2）。虽然这些“点子”或“创意”有许多也是具有独创性的，但是“点子”不应该成为个别专家的“头脑闪电”，而应该从心理学、思维方法学的理论高度进行分析，把它们纳入独创力的研究范围。

图 2-2　井盖设计

（二）思维方法

1. 头脑风暴法

头脑风暴法是美国创造学家奥斯本于 1901 年提出的最早的创造方法，又称奥斯本法，是一种激发群体智慧的方法。一般是通过一种小型会议，使与会人员围绕某一课题相互启发、讨论，取长补短，引起创造性设想的连锁反应，以产生众多的创造性成果。参加的人员一般不超过 10 人，时间大致在 1 小时之内。会议的原则如下。

（1）鼓励自由思考，大胆设想。

（2）不许打击其他参与者所提出的设想。

（3）所有人一律平等。

（4）有的放矢，不泛谈、空谈。

（5）及时记录、归纳总结各种设想，不过早下定论。

头脑风暴法经过多年的实践，现在已经衍生了很多种形式。其中有与会人员在数张逐人传递的卡片上反复地轮流写上自己的设想的“克里士多夫智暴法”，也称“卡片法”。还有德国人鲁尔巴赫的“635”法，即 6 个人在一起，针对一个问题每人写 3 个设想，每 5 分钟交换一次，互相启发，这样就很容易产生新的设想。还有“反头脑风暴法”，就是与会者专门对他人的设想进行挑剔、责难、找毛病，以达到不断完善创造设想的目的。

2. 集思法

集思法是由 W. 戈登于 1944 年提出的，这种方法使“激智”过程逐步系统化。集思法在开始的时候，仅仅是提出很抽象的议题，与会人员也不知道具体的课题是什么。大家都围绕着这个抽象的议题凭自己的想象来漫无边际地发言。主持人把所有人的发言要点记到黑板上。当设想多到某种程度时，主持人才把课题明确地告诉大家，看这些随意想出来的点子能不能为解决课题带来启示。

比如，课题是为一家快餐店夏季要推出的新品薯条做广告。主持人一开始并不会说明，只是提出很简单的词——夏天。于是大家就“夏天”这个词发表许多意见：游泳、火柴、火焰山、冰……

“游泳”可以启发为在游泳池附近卖。

“火柴”可以启发为薯条粘上番茄酱的样子。

“冰”可以启发为冰镇薯条。

然后再进行检验、评价，最后得到最合适的创造方案。

3. 广角发散法

（1）缺点列举法

缺点列举法就是抱着挑毛病的态度，对事物或过程的特性、功能、结构及使用方式等多方面进行“吹毛求疵”的批评。由于人们思维和生活习惯上的惰性，对于看习惯了的东西，除非其缺点非常明显，否则往往就“见怪不怪”了。这种不能主动发掘事物缺陷的习惯，实际上会丧失个人的创造潜力。当发现了现有事物设计的缺点，就可以找出改进方案，进行发明创造。

比如通过缺点列举法，对插线板提出了以下缺点。

插头之间间隔太小，如果同时插多个插头，有些插不进去。

插头插上太紧，一只手不好拔。

插线板插上插头后线太多、太乱。

插线板太大不好携带。

插线板外观形态千篇一律,不好看。

以上这些缺点如果不是强制性地列举,许多人都不一定会提得出来,因为“见怪不怪”,而针对上述缺点的列举和思考,也会有一定程度的独创性发明。针对插头之间间隔太小的问题,有了可以滑动的插线板,可以转换方向的插线板,可以扭动折叠的插线板,可以逐个增加的插线板。针对一只手不好拔插头的问题,有了用脚踩的插线板,有了自带拉绳的插线板,有了带孔的插线板。插线板上线太多太乱不好看,没关系,加个套子在上面就搞定了。插线板外观不好看,那设计成烛台的款式怎么样?这样即使不插插头的时候也可以作为装饰品摆在桌上(见图 2-3)。

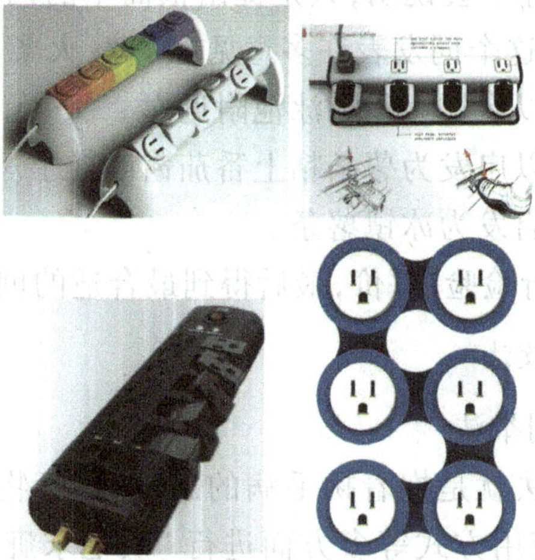

图 2-3 缺点列举法

日本下谷玻璃制品公司十分重视职工的小发明活动,在许多同行对酒杯不知如何推陈出新的时候,他们利用缺点列举法提出了一个极具独创性的想法。因为杯子一般是在大拇指按的地方用劲,那么把这里做成凹陷下去,就可以克服打滑的缺点。还有人提出,欧洲人鼻子高,应将前面做成斜口,公司综合两个方案,生产的酒杯(酒窝杯)畅销欧洲市场。

(2)希望列举法

小时候看《哆啦 A 梦》,都希望自己也能有一个哆啦 A 梦,能从它小小的口袋里掏出我们所梦想的任何东西。相信大家对记忆面包都不陌生吧？大雄希望能够考出好成绩，于是哆啦 A 梦掏出了记忆面包，把记忆面包盖在书上然后吃下去就可以记住书上的知识。现在也有一种烤面包机，在烤箱的表面有一个屏幕，可以在上面写字，然后烤出来的面包上面就有这些字。虽然吃了这个面包不能让我们立刻拥有知识，但是可以让我们觉得生活是如此美好，如此地充满希望（见图 2-4）。

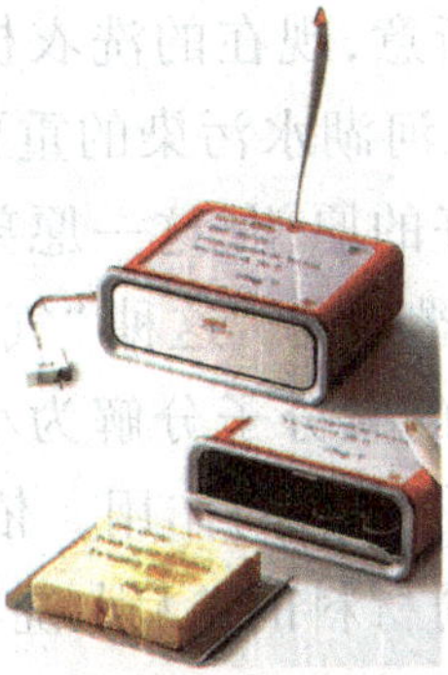

图 2-4 创意烤箱

希望列举法可以按照人的意愿提出各种新设想，可以不受现有设计的束缚，是一种更为积极、主动的创造性技法。我们希望像鸟儿一样自由飞翔，所以发明了飞机；我们希望能随时和亲人、朋友联系，所以有了电话；我们希望……，于是有了……

希望列举法步骤如下。

①选择对象。希望列举法的对象不局限于某种产品，还可以是经营活动、生产过程、工艺流程等。

②对所选对象从多角度提出希望点。这些希望点无非两个方面：一是该事物本身存在不足，希望改进解决；二是人们对该事物的需要、愿望不断上升，要求更为“苛刻”。

③评价提出的每一个希望点，看看哪些缺乏可能性，哪些具有抽象的可能性，哪些具有现实的可能性。最后，把既具有现实可能性又较有价值的希望点作为创新的出发点。

④将可行性的希望点付诸实施，将其表述为具体目标，从多角度、多方面来满足希望点，实现设定的目标。

以洗衣机为对象,列举希望点,可产生以下见解:

①希望洗衣机排水不受下水位高低的限制。

②希望洗衣机可以携带。

③希望有不用水的洗衣机。

④希望洗衣机体积减小一半。

⑤希望洗衣服不用洗衣粉。

这些希望点都有新意,现在的洗衣机都需要水和洗衣粉,洗衣粉中的磷却是导致江河湖水污染的重要原因,不用水和洗衣粉就能洗衣服是一个很好的愿望,这一愿望没有白提,目前已有一种用“气”洗衣服的机器问世。这种“气”就是臭氧,臭氧是一种强氧化剂,能把有机物的大分子分解为小分子,把难溶物分解为可溶物,从而达到清洁、漂白的作用。依据这个概念,设计师设计出了很多款使用不同材料的“无水洗衣机”。有一款名为“气洗”的“无水洗衣机”,它使用负离子、灭菌去味剂和高压空气来清洁衣物。这款洗衣机自动闭合的边门可无缝滑开,露出装衣物的部分。操作“气洗”时,仅需轻轻敲击前端发光二极管面板上无按钮的表面。“气洗’过程非常简单,无须用水,衣物可在洗涤后立刻穿上,无须另外进行干燥或等待衣物晾干。而设计师 Elie Ahovi 的未来版概念洗衣机,用来除污的却是固态二氧化碳。这款概念洗衣机的样子看起来像一个球形鼓,它的浮动和旋转使用的是磁力漂浮,由这个装置的液氮超导体发动。它是一个自给自足的装置,零噪声,快速洗衣,几分钟就能搞定。有一种一体化洗衣机,机身悬挂在墙上,大大地节省了空间。完成洗涤后,还可以立马在右侧的平台上进行熨烫,发现残留的污渍还可以通过除渍功能立即搞定,最后可以选择悬挂在平台下,做一个美美的“香熏浴”。

发挥想象力的方式之一是从幻想和美好愿望的角度看待和处理现有的事情。自觉地利用幻想和美好愿望,不仅可以大大扩展人的思路,而且可以为发明创造者沿这一思路进行创新提供动力。创造性想象不是凭空产生的,它受现实原型启发,是通过对原型进行组合、夸张、拟人化等创造性加工制作方法而产生的。

（3）设问法

设问法是围绕产品提出各种问题，通过提问发现产品在设计、制造、营销等环节中的不足之处，找出需要改进的地方，从而研发出新产品的方法，一般是“5W2H”法。“5W2H”法是由7个英文单词的第一个字母组合而成的。即：

①WHY？（为什么？）

②WHAT？（具体的对象是什么？）

③WHERE？（从哪些方面入手？）

④WHO？（什么人参与？）

⑤WHEN？（什么时候进行？）

⑥HOW？（怎样实施？）

⑦HOW MUCH？（达到什么程度？）

提出问题是解决问题的前提条件。通过设问，使不明确的问题明朗化，从而更接近解决目标。

我们运用这七种方法可以对具体的问题进行深层次的追问。

（4）简核目录法

每一个设计、每一个创新都包含了很多方面的内容，简核目录法就是针对某一方面的独特内容，把创新的思路逻辑地归纳成一些用以简核的条目，使思路系统化，克服天马行空的遐想，有效地帮助我们突破原有设计而进入另一个新境界。它的缺点是一般难以取得很大的突破性，在改良产品设计等方面运用得比较多。

简核目录法大致有以下八条。

①改变

试着改变事物的功能、形状、运动、气味、光亮、音响、外形和外观。

例1：喝汤时，把汤匙放入汤碗里，汤匙太短就常会滑到汤里去。结果，吃饭的人要费很大的劲去把它捞上来，还得再清洁汤匙把儿，这样很不方便。那么，在汤匙把儿的形状上改一改，把它弯一下,或者在把儿上开一个斜形小豁口,让它能卡住碗边,这样不就解决问题了吗?

例 2:大街上常设有许多绿色的信箱,这为人们的生活提供了许多方便。但邮政部门每天要派许多专车取这些信箱里的信,投入的成本较高,长此以往,亏损严重。一位聪明人出了一个主意:改变信箱的外观,将它们制成漂亮的铝合金材质的信箱,在它们的正面部分设计天气预报栏和广告栏,再装上灯,赋予它们现代都市气息。这样一来,这些信箱每年仅广告收入就可达上百万元,有利于扭亏增盈。

例 3:用螺丝刀拧螺钉时,如果是在暗处背光的地方,有时就需要别人拿手电筒帮忙照亮,很不方便。有人在螺丝刀的柄上装上一个透明的东西,然后再在这当中安装一个小手电珠和电池,就制成了可以发光的螺丝刀。

例 4:改变一下玻璃的颜色,就可以用来装饰和制作太阳镜。日本人在豆腐中加入蔬菜汁,制成了绿色豆腐。音乐门铃、音乐贺卡、音乐牙刷、音乐生日蛋糕盒等系列发明则是改变声音的结果。将灭蚊药水的气味改变一下,制成带有香味的灭蚊香水,这是嗅觉上的改变。老式饼干只有一种口味,如今有咸的、甜的、椒盐的、番茄汁的、海苔的等多种味道,这是味觉上的改变。

②增加

试着增加些什么,附加些什么。如试着增加使用时间、增加频率、增加尺寸和强度、增加成分,试着提高性能,试着放大若干倍等。

例 1:有一道智力题,有个牧民临终前对他的 3 个儿子说:"我只有 17 匹马,老大分 1/2,老二分 1/3,老三分 1/9,都必须分活马。"父亲去世后,3 个儿子思考了好几天也分不开,因为 17 不能被 2、3 或 9 整除。这时,一个骑马的人路过这里,帮助他们解决了这个问题,他是怎么办到的呢?这位过路人用的就是"附加"思路,他将自己的马暂借给三兄弟,这样共有 18 匹马。老大分 1/2 得到 9 匹马,老二分 1/3 得到 6 匹马,老三分 1/9 得到 2 匹马。

三兄弟加起来共 17 匹马。之后骑马人仍骑着自己的马赶路了。

例 2：以下 4 个新发明都是“增加”“附加”思路的产物。

设想 1 是一种带火柴的香烟，将一排火柴杆和小磷片贴在香烟盒的侧面，使人免去“借火”的尴尬。设想 2 是一种三用笔，一端是钢笔，另一端根据双芯圆珠笔的原理制成圆珠笔与铅笔两用式。设想 3 是在普通打气筒上用皮带连上一个可给球打气的打气针。设想 4 是在原有量角器上加一个指针。用这种量角器测两条边很短的夹角，就不用先画延长线将一边延长，使之与量角器的刻度相交了。

例 3：你有一个孩子，就推一辆婴儿车，如果是双胞胎，就推两辆婴儿车，可是如果是三胞胎或多胞胎呢？设计师用很简单的办法解决了这个问题，把三辆车并为一辆车，用一个把手推就可以了（见图 2–5）。

图 2–5 婴儿车设计

③缩小

试着减少些什么，试着密集、压缩、浓缩、聚束、微化；试着缩短、变窄、去掉、分割、减轻。

例 1：买生日蛋糕需要事先定购，因为蛋糕上面还要用奶油写上定购者所需的一些问候语。但这样一来，定购者就要来回跑商店，太麻烦了。后来，一位发明者想到，把销售的蛋糕的中心部分空下来，让定购者回去自己写，只要给他们一支“笔”就行了。于是，他将三色的大盒奶油向“缩小”的方面考虑，分别灌入三个像牙膏管一样的小管里，放在蛋糕盒里边。顾客不用事先定购，直接到商店买完蛋糕后就可回家，在家里用"奶油笔"写上自己需要的"祝生日快乐"等问候语就可以了，既节省了时间，又有情趣。

例 2：一家儿童用品商店为了提高营业额，就让营业员们出主意。一位营业员利用"缩小"的思维，想到将玩具柜台改成"儿童型号"的，即比普通的柜台矮一半。这样做，虽然营业员取放东西不太方便，但能吸引孩子们自己参与挑选玩具，可以促进销售。

例 3：一般的桌子有 4 条腿，减掉 1 条会怎么样？减掉 3 条又会怎么样呢？会倒吗？有一种桌子就只有一条腿，桌子的另一端放在使用者的腿上，这样使用者的腿就变成了桌子的另一条腿了，而且非常稳固（见图 2-6）。

图 2-6　桌子设计

例 4：自行车都是两个轮子，如果只有一个轮子呢？它还能骑吗？中外两位勇士用自己的实际行动证明了这是可行的（见图 2-7）。

图 2-7　独轮自行车

④代替

试着找人代替。试着用别的成分来代替这种成分、这个过程、这种能源、这种声音、这种颜色或方法等。

例1：1946年，在美国通用电气公司工作的物理学家沙弗尔等人发现，干冰颗粒对水蒸气有凝聚作用。他们由此进行研究，发明了人工降雨。然而，干冰不易存放，一般要保存在保温设备中。为了解决这一问题，美国物理学家冯内加特开始探索可以代替干冰的其他物品，终于发现碘化银是替代干冰的良好人工降雨材料，它能在室温下长期保存。

例2：鱼类离开水就不能生存。过去卖鲜鱼鱼苗，运输时要用能盛水的塑料箱或塑料袋，往往水的重量是总重量的3/4，而鱼的重量仅为1/4，所需包装工具多，运输费用高。于是，香港一个水族馆经过3年的研究，研发出了替代品。它是一种特制的塑料盒，将鱼捞起，平行排放在这种盒中，中间垫上湿纸，然后在鱼身上喷上一种对人无害的药水，使之"昏昏睡去"，这样就实现了无水运鱼。如果能在50小时内运到目的地再放入水中，鱼的成活率可以达100%。

例3：采用硫黄、氯酸钾、木炭、银粉等原料生产的爆竹，敏感度高，容易引起火灾和爆炸事故，燃烧时会放出大量的一氧化碳、二氧化硫和氯等有毒气体，既污染空气，又危害人体健康。南宁市的余坤工程师研制出一种替代品，它不是用电子音响的方式替代，而是用碳粉、松香、锰粉、淀粉等材料制成安全鞭炮。这种鞭炮比传统的鞭炮爆响率高，响声更好听，还能散发出玫瑰香味，对人体没有危害，又可安全运输。

⑤转化

试着探索新用途，看是否有新的使用方式，能否应用到其他领域，能否找到其他使用对象。

人们从事发明创造大体有两种途径：一种是先认定目标，再据此寻找达到这一目标的方法；另一种则与此相反，是从某一现有的事实出发，通过多向思考，使其向其他不同领域延伸，从而引出新的目标。人们在不同领域所使用的装置、方法，实际上许多道理都是相通的，只要对每一种事物或方法认真探索，总会引申出前所未有的用途和发现新的应用领域。

例1：从格列戈尔发现钛起，到美国化学家亨特、荷兰的科学家范·阿克尔和德博尔制出很纯的金属钛时，钛一直没有在生产中派上用场，被人们称为“毫无用处的金属”。到了20世纪40年代，人们发现钛合金在高温下能保持良好的力学性能后，开始将钛合金引入飞机制造业。速度超过音速3倍以上的飞机，其材料的95%都是钛合金。后来，人们发现钛还有亲生物性，并且强度高、耐高温、耐腐蚀，其密度与人骨相似，能很好地和人体肌肉长在一起。于是，又将其引入医学，用来制造人骨头，以代替人体损坏的骨头。1960年，美国科学家发现钛镍合金具有记忆力，于是钛又被人们广泛用于固定机器零件和制成自动开合的天线。不久，人们又发现钛有抗磁性，便利用它做出了质地优良的战舰。按这一思路，我们发现只要充分认识钛的性质，它还可以被应用到更广泛的领域中。钛的技术引申实际是其他技术引申推广的一个缩影，具有很好的参考价值。

例2：玩具的市场目标历来是儿童，许多人认为只有儿童才玩玩具，殊不知随着人们物质生活水平的提高，精神生活的要求也更丰富，玩具在成年人中也不乏爱好者。不少老年人把玩玩具当作健康娱乐、陶冶情趣的活动。于是，一些玩具商颇具慧眼，在儿童玩具设计的基础上提高智力水平和情趣，提高玩具的运动量，成批地生产出成人玩具，如魔方、猜谜球、智力纸牌以及康乐型玩具等。

⑥引申

试着找找类似的东西，试着模仿、借鉴。

例1：上海市一位12岁的小学生茅嘉陵看到外婆晒晾衣服时往高处穿绳子很不方便，他从弹弓和叉棍的形状得到启发，利用杠杆支点转移的办法发明了一种穿绳器。这种穿绳器不仅可以在高处穿绳索、架电线，还可以在登山运动员攀登时使用。他画的是穿过一个横杆，实际上它同样可以穿过固定的圆环、树杈状物体。

例 2：每个人可能都会有这样的体会，即用手拆开封好的信封往往不太容易（特别是牛皮纸信封），弄不好就会连信封内的信纸一起撕下。于是，有人做了两项小发明：一是受邮票打孔便于撕开的启示，在信封的一头像邮票那样打上一排小孔，做成了便于撕开的“有孔信封”；二是受到切割机的启发，在信封封口的同时贴上一根露头的小线绳，对方拆信时只要一拉绳，细绳就会将封口整齐割开。

例 3：武汉市一位名叫陈刚的中学生是化学学科的科代表，每次上课前都要为老师搬实验用的塑料水槽，他感到很不方便。有一次，他见建筑工人用砖夹子搬砖，很受启发，随后他研制了一个简易的“水槽提把”。用它提水槽时，提把对水槽的作用是钩和夹同时进行，水槽越重，提把夹得越紧。由于加了提把，水槽的重心降低了，搬运起来也安全、方便、省力了。

⑦颠倒

试着正反颠倒，头尾、位置颠倒，成分互换等。

例 1：一位名叫大石进二的日本人在本州岛盖了一个汽车旅馆。可是，由于那里气候不好，而且常发生地震，到那里观光的游客并不多，他濒临破产。出于无奈，他拜访了一位建筑设计师。这位设计师受比萨斜塔吸引大批游客的启发，突发奇想，为他重新设计了一座外观上与正常房子完全不同的倒悬的房子，这既能够提醒人们时刻提防地震，又能够满足旅游者寻求刺激的心理。这种倒栽葱式的汽车旅馆建成后几乎天天客满，大石先生的生意取得了巨大的成功（见图 2–8）。

例 2：日本有一种很畅销的新式照相机，是由富士胶卷公司研制的。通常照相时，都是一帧帧地把胶片逐渐卷向一方，全部照完后再摇小手柄（或自动控制电机）把胶片绕到另一方的暗盒中，以便取出后盖，如处理不当，就会造成整个胶卷报废。为解决这个问题，一位技术人员采用“颠倒”的思路，他设想把胶卷装在照相机内的同时，让小电机预先把胶卷从暗盒侧卷绕在另一侧轴上。这样，使用者一帧帧地拍照，每拍完一张，胶卷就被卷进原来的胶卷暗盒中。用这种照相机，无论何时打开后盖，没照的胶卷可以曝光，照过的投卷已卷进暗盒，所以不用担心会因胶卷曝光而无法弥补。

图 2–8 倒栽葱式汽车旅馆

⑧组合

试着将几个事物组合在一起。试着混合、合成、配合、协调、配套，试着重新排列顺序。

例 1：有人设计了一种新式酒瓶，外部与普通酒瓶差不多，内部却将两部分容器组合在一起，一半装高度酒，另一半装低度酒。转一下，给喜欢喝酒的客人倒出高度酒；再转一下，从同一瓶口倒出来的是给不擅喝酒的客人喝的低度酒。用这种方式也可以制成酱油和醋的两用瓶。

例 2：印度研制成功了一种“长寿”灯泡，其寿命几乎是普通灯泡的两倍。这种灯泡的外形与一般的灯泡没什么两样，其“长寿”的奥秘在于灯泡内安装了两套灯丝，灯头上又比普通灯泡多接了两根细导电铜线。使用时与普通灯一样，只有一根灯丝接通电源，但当这根灯丝烧断后，用户只需将灯头上的两根导电铜丝按说明书分别连接在已标出的地方，接上电源灯泡又可继续照明。

美国学者贝利在《工程师的创造力训练》一书中列出了 70 多条思维提示线索，这些线索都是重要的解题思路，很有借鉴作用，包括暂时放弃、增加、备选方案、研究异常情况、假设质疑、特征列举、梦想、批评改进、向公认的理论挑战、从竞争对手角度思考、反向思维、激发好奇心、引导兴趣至特定问题等。这些线索提示十分有效,而且创造心理学研究发现,这些措施可以帮助发明创造者摆脱困境,获得启示,改变思路,比一直苦苦冥思要好得多。

4. 直觉灵感法

（1）灵感法

很多科学家都能从生活中得到启示,获得发明创造的灵感。能启发一个人灵感的机会很多,怎样才能抓住它们呢？唯一的办法就是不轻易放过每一个对你有用的现象。无数的发明、发现历史表明,创意老人总是先给你送上他的头发,当你没有抓住再去后悔时,却只能摸到他的秃头了。

引发灵感最常用的一般方法,就是愿用脑、会用脑和多用脑,也就是遵循引发灵感的客观规律科学地用脑。凡是善于引发灵感,能够形成创造性认识的人,都很会用脑。一般人以为显而易见的现象,他们会产生质疑。他们的特点是喜欢独立思考,遇事多问几个"为什么""怎么办"。

《花花公子》杂志的创办人海富纳本人也是个花花公子。他在学生时期学习成绩一般,但他喜欢幻想。他在"二战"时参军,获派文字工作。在军队里,他听到很多朋友谈各种艳事,每次都把他说得心里痒痒的。于是他想到,原来男女之间的事是很多人都喜欢谈论的话题,如果把它做成一门生意不是很好吗？退伍后,他办起了《花花公子》杂志,受到了很多人的欢迎,于是越办越大,发行量从 6 万份增加到 6000 多万份。从海富纳的成功我们可以看到,灵感只会降临在有准备的人的头脑里。如果他当时只是听别人说说,以此当作寂寞时的消遣,那么现在也就没有《花花公子》这个杂志了。"机不可失,时不再来",只有善于捕捉信息的人,才能把赚取巨额利润的机遇变为现实。

（2）废物利用法

法国哲学家傅里叶有一句名言:"垃圾是放错地方的资源。"

随着人们生活范围的扩大、生活水平的提高，消耗也越来越大，废物也就越来越多。废物处理已经成为人类的一大难题，它关系到生态平衡、环境保护等诸多方面。在创造性思维中考虑到废物利用、变废为宝这些因素将会大大增加创新的价值。

1974 年，美国政府为了清理那些给自由女神像翻新所扔下的废料，向社会广泛招标。但好几个月过去了，却没有人来应标。有个人听到了这个消息，他看到自由女神像下堆积如山的铜块、螺丝和木料后，马上就接了标。当时有不少人对他的这个举动都不理解，因为纽约州垃圾的处理有严格的规定，如果处理不当就会受到严惩，弄不好还会受到环境保护组织的起诉。就在大家都等着看他笑话的时候，他开始对废料进行分类。他让人把废铜熔化，铸成小自由女神像；再把木头加工成木座；废铅、废铝做成纽约广场的钥匙。最后他还把从自由女神像身上扫下的灰尘都包装起来，卖给了花店。不到 3 个月的时间，他把这堆无人问津的废料变成了 350 万美元，每磅铜的价格翻了 1 万倍。

这个故事告诉我们，只要有心，垃圾也能变成黄金。可见废物利用法在生活中的重要性。

在我们还在为地沟油泛滥烦恼的时候，芬兰提出了进口我们的地沟油用于提炼成航空燃油。

荷兰为此也专门设置了一个再利用设计展，就是为了让大家都能参与到废物利用的设计中来，设计出更多、更好的废物再利用的作品。比如如何利用过期后的日历牌一直是一个问题，设计师针对这个问题设计出了图 2-9 中的作品，其特殊之处在于里面含有植物种子，只要浇上水就可以生长。

生活中随手扔掉的垃圾，甚至是我们口中的食物，经过设计师的巧手，也能焕发出新的光彩。每年 9 月都是吃螃蟹的季节，大闸蟹满天飞，据说会吃大闸蟹的人吃完后剩下的壳还可以拼成一只完整的大闸蟹……但是英国的一位设计师却用大闸蟹的壳做成了首饰，这样餐桌上的垃圾也变废为宝了（见图 2-10）。

图 2-9　日历牌设计

图 2-10　蟹壳工艺品

餐具用久了想换新的，可旧的又舍不得扔掉。“食之无味，弃之可惜”，但是经过设计师的巧手，老旧的餐具可以变身为一个巨大的钟（见图 2-11），也可以变身为精致的下午茶茶具。

图 2-11　餐具再利用设计

废弃的工业用桶，摇身一变就成了一套小小的简易厨房：有洗手池、炉子、储存柜，甚至还有一个小型的冰柜，可谓“麻雀虽小，五脏俱全”（见图 2-12）。

图 2-12　材料再利用

5. 模仿创造法

人的创造源于模仿。大自然是物质的世界、形状的天地。自然界把无穷的信息传递给了我们，启发了我们的智慧和才能。模仿创造法是指人们对自然界各种事物、过程、现象等进行模拟、类比而得到新成果的方法（见图 2-13）。

图 2-13　模仿创造

世上的事物千差万别，但并非杂乱无章。它们之间存在着不同的对应与类似，有的是本质的类似，有的是构造的类似，也有的仅仅是形态、表面的类似。有人说人为的造型活动是模仿自然法则的精华。如飞鸟的展翅高飞引发人类创造纸鸢、滑翔机甚至飞机等一连串的研究与发明；庄稼汉使用的竹编龟甲形雨具仿自乌龟的保护壳，不但防雨水，而且不妨碍工作；近代建筑也模仿有机体的造型，如台湾东海大学鲁斯教堂，就是双手合十的祷告造型式样。

图 2-14 是鹦鹉螺的剖面图，我们可以从中窥见一个整齐有序且令人叹为观止的呈一定级数增大的类似盘绕的形态，此形依贝壳容积的改变而改变。左边则是一款灵感来自鹦鹉螺的服装设计。图 2-15 中的造型来自自然界中的动物——蛇，在设计师不同的思维下演变成了各式各样的蛇形灯具。

在设计师的眼中，自然界的任何事物都是可以模仿的，看看这些可爱的设计吧。

小鸟，打开后才发现它原来是一把椅子（见图 2-16）。

图 2-14　鹦鹉螺形态利用

图 2-15　蛇形灯具

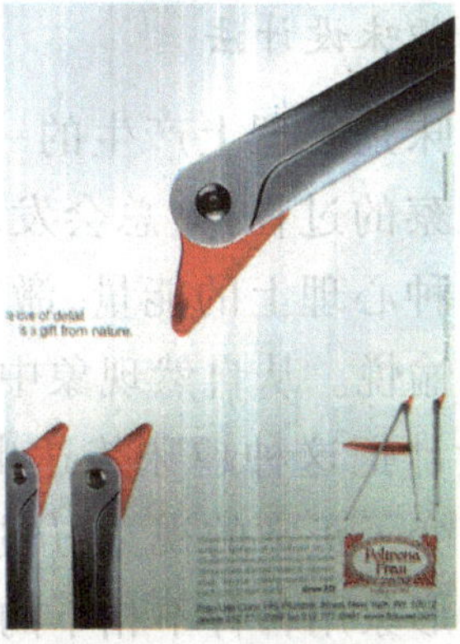

图 2-16　鸟嘴椅子

鱼骨头灯做得太像真的了，连这只小猫都被迷惑了（见图 2-17）。

图 2-17　鱼骨头灯

蜘蛛？不，别怕，这只是一盏吊灯而已（见图 2-18）。

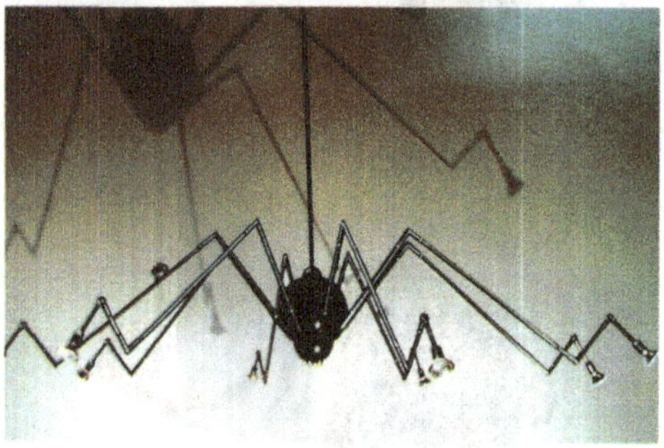

图 2-18　蜘蛛形灯具

6. 趣味设计法

趣味是心理上产生的一种热情和欲望。我们在对自然现象进行观察的过程中，总会发现许多有趣的事，而这种趣味可以转化为一种心理上的能量，激发我们去创造，并从中得到心理上的满足和愉悦。从自然现象中发现有趣味的审美情结和艺术形象，通过设计把这种趣味传达出来。心理学的研究告诉我们：如果人们改变了正常的视觉习惯，心理上就会产生新奇感。把各种不相干的形象用各种不相干的手法结合在一起，形成有趣的设计形式，使人看后感到新奇、不可思议，引发人们的兴趣，引起心理上的震撼。从创造性思维的角度来说，各种类型的趣味都是言谈举止方面所表现出来的一种创意。也就是说，对于大家都知道或者都能猜到的事物，我们是不会发笑的。能够引我们发笑的，一定是出乎意料的新东西，因为它改变了我们的习惯性思维。把几种本来没有任何关系的思想或事物突然结合在一起，就产生了趣味。所以趣味性能让一件很平常的作品或事物变得光彩照人，魅力无穷（见图 2–19）。

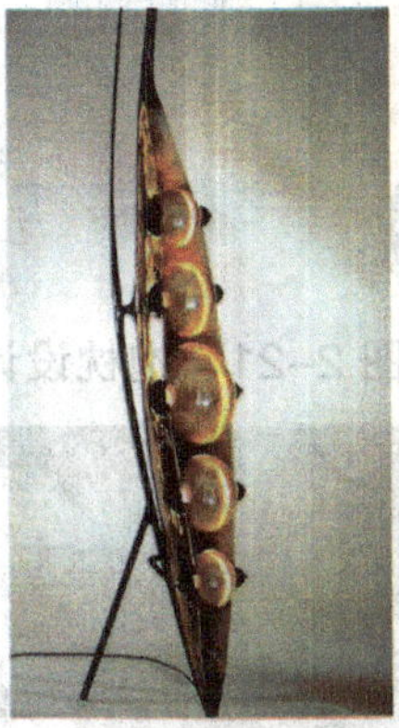

图 2–19　趣味设计

以下都是将趣味性同设计结合得非常成功的例子。图 2–20 中的婴儿奶嘴的设计，大胆有趣且充满童心，使人一看就忍俊不禁，印象深刻，产生购买的欲望。

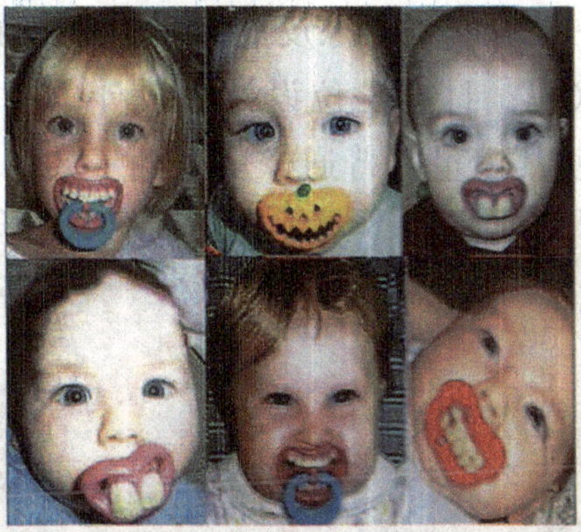

图 2–20　奶嘴设计

独特的抱枕也同样给人过目难忘的印象（见图 2–21）。

你见过这样的坐凳吗？这个设计堪称经典，给人一种错觉，非常有趣（见图 2–22）。

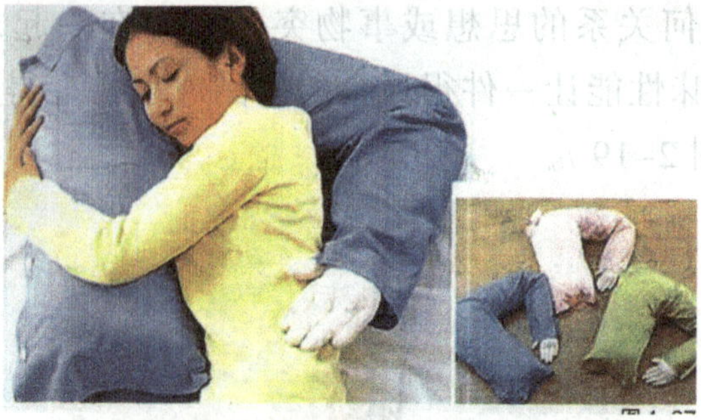

图 2-21　抱枕设计

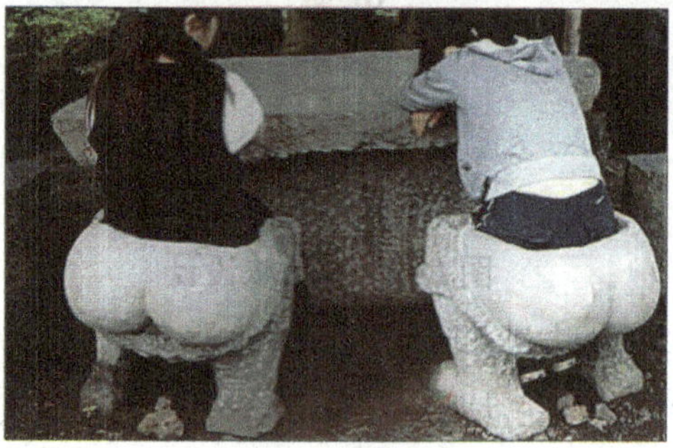

图 2-22　坐凳设计

还有我们平时用惯了的橡皮筋，都是圆形的。为什么不能是其他的可爱形状呢？日本一位设计师设计出了这些可爱的动物造型的橡皮筋，使其销量较普通橡皮筋翻了数倍（见图 2-23）。

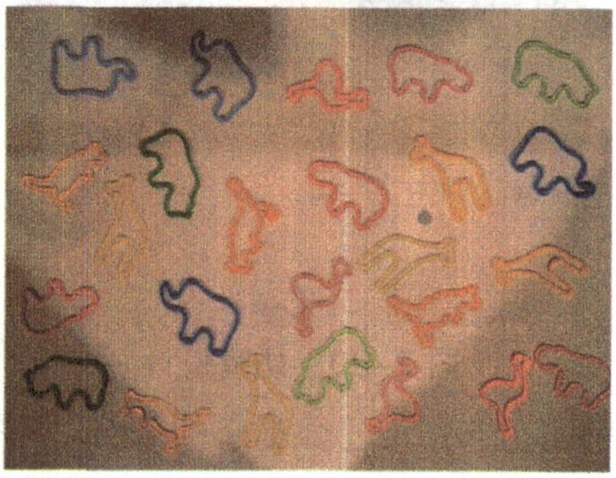

图 2-23　橡皮筋设计

7. 功能分析法

功能分析法是以事物的功能要求为出发点广泛进行创新思维，从而产生新产品、新设计的方法。任何产品都是为了满足某种需要而产生的，而需要的根本是功能，抓住了功能就抓住了本质（见图 2-24）。

图 2-24　椅子功能

有时我们在需要用电筒或应急灯时，会遇到电池没电的情况。这个时候又找不到地方去买电池，怎么办？手摇发电、太阳能代替电池已经司空见惯了，现在有一款叫 Lume 的手电筒，运用的是帕尔帖效应（即当有电流通过不同的导体组成的回路时，除了产生不可逆的焦耳热外，在不同导体的接头处随着电流方向的不同还会分别出现吸热、放热现象），当你握住它的时候，就会将你手上的热量转化为电能。只要电筒在手，无论停电多久都能常亮，再也不需要担心电池没电的问题了。

“我为形变而着迷，可以把一种事物变成另一种事物，这总会带给人们惊喜。我喜欢通过设计让人们微笑，而微笑来自于心里的震撼与感动。我设计了一面镜子，而翻转后可以做熨衣板；我设计了一个烛台，而组装前它是一张贺卡……”一位来自丹麦的女设计师让我们看到了多功能的魅力（见图 2-25）。

可不要小看这张小小的塑料桌子，它的功能可不是一般的小边桌可以比拟的。它可以是个小花瓶，可以是个大花盆，可以是个水果盆，还可以是个坚果盘。当然，它还是一张小桌子（见图 2-26）。

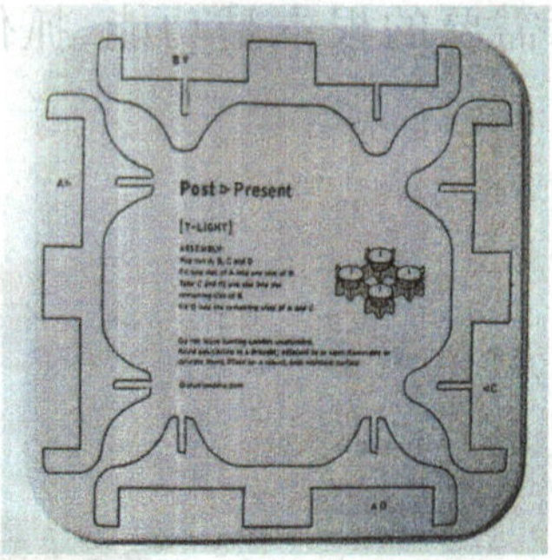

图 2-25　多功能产品设计

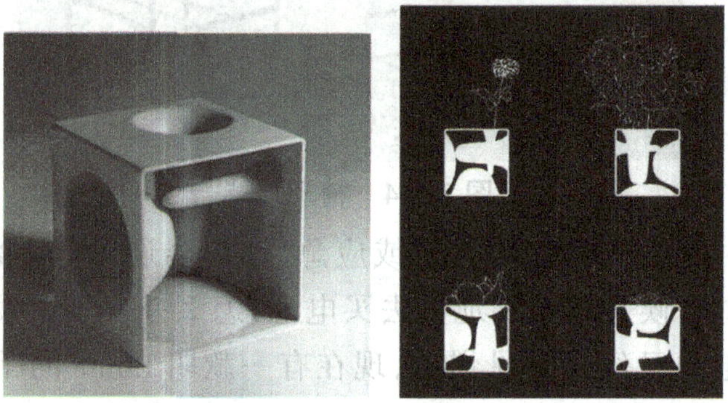

图 2-26　多功能桌子

功能是因为需要而产生的。所以在设计一款产品之前，要了解用户最需要什么，哪些需要是亟待解决的，而哪些需要是可有可无的：夏天去沙滩玩的时候，泳装和沙滩裤都不适合装钱包、钥匙，但是这些东西又必须得带上怎么办呢？设计师根据人们的需求，为沙滩鞋开发了一个新的储物功能。将藏在鞋底的“抽屉”拉开，钥匙、卡片和零钱终于有个安全的地方存放了（见图 2-27）。

图 2-27　多功能鞋底

2014 年的米兰家具展场中展出了一款特殊的画框或相框。这款相框改变了我们平时将相片挂在一整面墙上的习惯，不管是弧形的墙还是有转角的墙，都可以挂上这款特殊的相框（见图 2-28）。

图 2-28　特殊的相框

同样是在墙上的设计，这个置物架把艺术性和实用性结合得非常好。当置物架上不需要摆放东西时，所有的板子都可以向上推，这时整面墙上就是一幅完整的画。拉下其中任意一个板子，就可以在上面摆放东西了。既方便实用、节省空间，又充满艺术气息（见图 2-29）。

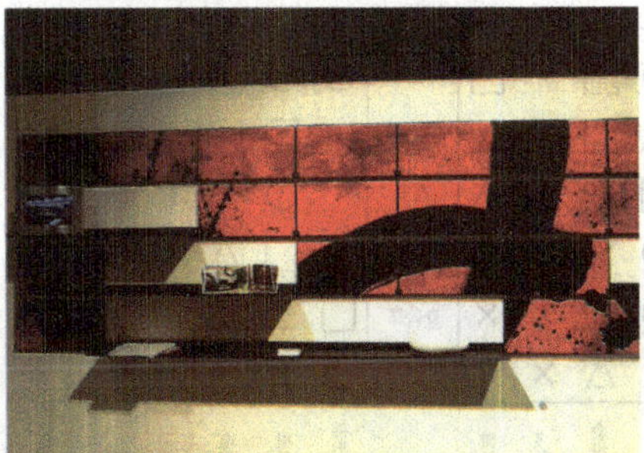

图 2-29　墙面储藏

8. 坐标分析法

坐标分析法是将两组不同的事物分别写在一个直角坐标的 X 轴和 Y 轴上，然后通过联系将它们组合到一起。如果它是有意义并为人们所接受的，那么就会成为一件新产品。这一思考方法在新产品设计中应用更广，是一种极为有效的多向思考方法。比如在设计一种新式钢笔时，以钢笔为坐标原点，然后画出几条与设计钢笔有关联的坐标线，在坐标线上加入具体内容（坐标线索点），最后将各坐标线上的各线索点相互结合，与钢笔进行强制联想，可以产生许多新设想。

如将钢笔与历史结合，可以联想到设计一种带有历史图表或刻有历史名人字样的钢笔。将钢笔与圆珠笔结合，可设想开发一种不用抽墨水的钢笔或不同笔帽的钢笔。将“钢笔”“温度计”“笔杆”联系在一起，可以想到笔杆带温度计的钢笔等。比如汽车具有说话功能的，就是会说话的汽车；锁具有说话功能的，就是会说话的锁。如果这些组合都已经实现，在图上我们用“△”符号表示。而如果汽车和太阳能结合在一起，就成了太阳能汽车，而这一组合是有可能实现的，但又存在一定的难度，我们用符号“□”表示。如果把锁和催泪弹结合在一起，可以用在保险箱上，而实现这个的难度并不大，我们用符号“○”表示。但是如果把锁和游泳结合在一起，就没有什么意义了，所以我们用符号“×”表示（见图 2-30）。

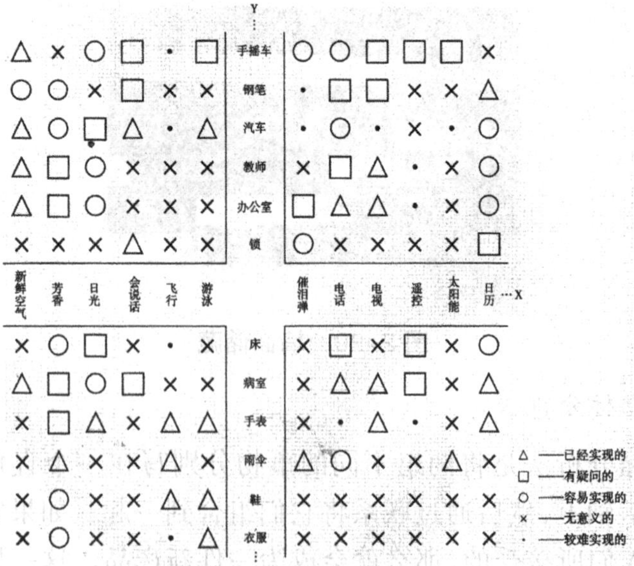

图 2-30 坐标法

9. 移植法

移植法就是将某一领域里成功的科技原理、方法、发明、创造等应用到另外一个领域中去的创新技法。现代社会高速发展，不同领域的相互交叉、渗透是社会发展的必然趋势。如果运用得法，就会产生突破性的成果。比如把电视技术、光线技术移植到医疗行业，就产生了纤维胃镜、内窥镜等，既减少了病人的痛苦，又提高了医疗水平，是一个一举多得的好发明。

1905 年美国发明家贾得森发明了拉链并申请了专利，这成为 20 世纪最伟大的发明之一。拉链在我们的生活中无处不在，如衣服、家具、文具、钱包……现在，这个技术被移植到了医疗行业中：美国的一位外科医生将拉链技术移植于人体进行剖腹手术后的腹部，将一根长 18cm 的拉链消毒后直接缝合在病人的刀口处。这样医生可以随时拉开拉链检查腹腔内的病情，而不用多次开刀、缝合了，同时康复率也提高了。“皮肤拉链缝合术”从此诞生。

图 2-31 的裙子，就是设计师把折纸的技法移植到了服装上，产生了独特的肌理效果，使人耳目一新。当我们把折纸移植到灯具上、把雕塑移植到家具上，会产生什么样的效果呢？结果是与众不同，产生非常独特且具有个性的产品。

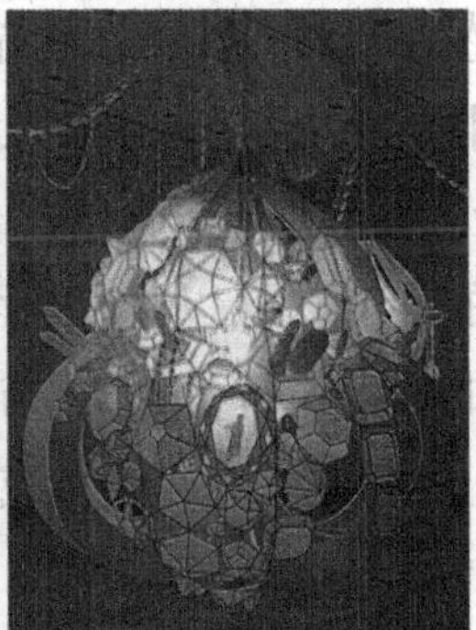

图 2-31　折纸技法移植

10. 强制性创新思考法

(1)强制列举思考法

在创新思维中,强制列举法可以扩展人的思路,使信息膨胀并增值。

所谓列举,就是将一个事物、想法或事物的各个方面的思维活动一一列出。列举者先是对对象进行拆分,分成各种要素。要素可以是事物的组成、特性、优缺点,也可以是该事物所包括的各种形态。然后将已有的各个部分或细节用列表的方式展开,使之一目了然,通过对这些正常情况下不易想到的要求进行思维操作,可以产生许多独创性设想。

人们提出了一些强制的让人按一定线索列举的方法,也就是强制列举型扩展思路法。

①强制列举的方式、步骤。将事物的组成部分,如元件、部件、机构、材料、特性等一一列举出来。列举的顺序一般为:组成强制列举—特性强制列举。

组成强制列举是列举事物的组成要素及所用材料,试着以局部改进、替代等方式寻找思路。这种方式对已经发现事物缺点却苦于不知从何入手解决的人特别有用。

强制列举是对事物的特性进行分解和列举。特性列举的一般程序如下:感观特性(颜色、声音、气味)—外观特性(形状、大小、重量)—用途特性(运用领域、运用对象、用途)—使用者特性(使用者年龄层、职业、使用方式、使用频率)。

通过特性的分解,可以逐一考虑所列的每一要素,试着寻找创新的思路,如将某种特性改成与之相近或相反的特性,或者在一种用途基础上增加新的用途,或者寻找新的使用者,扩大应用领域等。

②要素组合。许多人常认为,独创必须是创新的东西,这是一种误解,许多独创性设想就其组成要素和性质而言并非都是全新的,如果以创新的角度看待旧事物,或将现有事物的要素进行

重新编排组合，仍为创新。

要素组合方式就是以系统的观点看待事物，在将研究对象的组成要素和属性分解的基础上，以各种新方式探讨要素的新组成，从而实现整体创新。在要素列举阶段，利用这种方式应掌握的原则是：所选择的要素在功能上要相互独立，能代表一个独立类型；要素数量不宜太多；尽可能寻找重要的、起关键作用的要素。要素列举后，还要进一步多向思考，列出可能实现每一要素的所有手段和形式，它们也称要素载体。如车的驱动方式要素就包括汽油机、风动。

将故事中的可变要素提取出来，加入各种可能的载体，通过组合可以构思出成千上万个故事。以下是各要素的载体（形态）。

书生：旧式书生、现代大学生、音乐家、未成名的工程师、画家、外国书生、未成功的企业家、医生、女性书生等。

落难：没有路费、被冻在风雪之中、途遇强盗、患病、游泳遇险、车祸、工程受到意外损失、未婚妻变心、演奏完时昏倒、在国外打苦工挣钱等。

小姐：千金闺秀、酒店女服务员、歌星、外国女学生、女导游、游泳健将等。

搭救：赠款、跳下水去营救、与坏人搏斗营救、长年看护在病床前、帮人补课、赞助留学费用、帮助安插一个职位等。

后花园：公园、书房、咖啡馆、飞机上、游泳场、途中、山顶上、医院里、大剧院、邻居家等。

订终身：接吻、订婚、郊游、通信、送定情物、男女对唱、给予鼓励等。

应考中榜：旧时中状元、获博士学位、演奏会盛况空前、考取国外大学、做官、成名、大病痊愈、搞出一项发明等。

衣锦团圆：结婚、环球旅行结婚、家庭同意婚事、私奔、机场邂逅等。

当然，按这个思路，也可以总结出爱情悲剧的几大要素，并通过要素载体搜寻与要素组合，构思出一幕幕富有独创性的悲剧故事情节。

（2）强制联想思考法

强制联想思考法就是运用联想的原理，强制使用两种或多种从表面看没有关系的信息，使之发生联系，产生新的信息，从而产生创新设想。在常规情况下，人们思考问题时容易受传统知识经验的束缚，常常提出一些大众化的想法，而强制联想法则是依靠强制性步骤迫使人们进行联想，从而将思路从熟悉的领域中引开，到陌生领域中寻找启示和答案。这一方法促使人克服思维定式，使有限的信息增值。

强制联想分为并列式和主次式两种类型。

①并列式强制联想

并列式强制联想一般是从一些产品样本、目录或专利文献中随意地挑选两个彼此无关的产品或想法，利用联想将它们强行联系在一起，从而产生一些新想法，或找到可以进行创新的某种突破口。

这种方法尤其适用于需要不断创新的工作，譬如构思文章、设计和制作广告等。然而，这种强制联想往往缺乏某种内在的联系，所得到的设想中常会有毫无道理的“畸形想法”，因此，思考者还需要对所产生的设想不断地进行分析、鉴别，不断变换方式重新进行联想。

例如，从一个产品样本中选出“电梯”与“刷子”这两个事物。从表面上看，这两者没什么联系，但强制联想一下，硬是让你找一找它们的联系，你可能会想到：电梯可以升降。如果发明一个可升降的刷子如何？由此便想到让刷子的把手杆可以自由地伸长缩短，刷子上毛的长短也可以调节，这样就可以控制刷毛的软硬度。另外，刷子是为了清洁用的，从清洁的角度在电梯上做文章，也会产生独创性设想。如可以在电梯内安放空气清新剂，还可以发明一种无须用手接触按钮的声控指令电梯。

②主次式强制联想

主次式强制联想是以需要解决的问题或要改进的事物为主

成分，以随意自由地选定一个或多个刺激物为次成分，然后将主、次成分强行联系在一起，以次成分中的内容刺激和影响主成分，从而对主成分产生创新设想。

以改进牙刷为例，将牙刷作为主成分，再随意地选定一两个刺激物，如选择杠铃和剃须刀。将杠铃与牙刷“强拉硬扭”在一起，利用联想可能会产生下列设想：杠铃两头的负重可以卸换，可否将牙刷头设计为可卸式，给牙刷配上备用刷头，有硬刷头、软刷头等。由杠铃会想到健身与比赛，可以开发对牙齿有保健作用的牙刷，也可以通过有奖竞赛等方式进行牙刷的市场促销。当然，以剃须刀为刺激物可以想到电动牙刷、便于旅行携带的牙刷等。

二、创意思维的形式

（一）抽象思维

抽象思维就是凭借抽象的语言进行的视觉思维活动，它是相对于具象思维而言的。它是认识过程中用反映事物共同属性和本质属性的概念作为基本思维形式，在概念的基础上进行判断、推理、反映现实的一种思维方式。这种思维的顺序是：感性个别—理性一般—理性个别。

（二）形象思维

形象思维是通过实践由感性阶段发展到理性阶段，最后完成对客观世界的理性认识的一种思维。它在整个思维过程中都不脱离具体的形象，通过想象、联想等方式进行思维。比如“协和”飞机的外形设计，我们很容易就能看出这是对鹰的仿生（见图 2-32）。但其设计构思，既不是鹰外表的简单复制，也不是对以往所有飞机外形的照搬，而是设计师根据“协和”飞机的各种功能要求，在鹰的表象基础上，有意识地进行选择、组合、加工。尤其是飞机的头部，为了改善不同航速、起落时的航行性能，头部可以转动调节，很有新意。

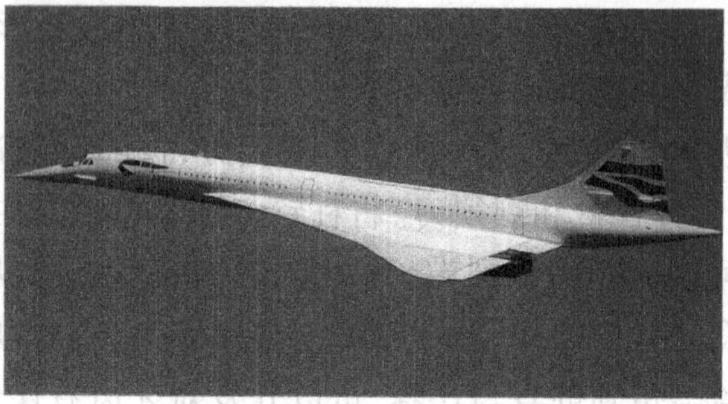

图 2-32 “协和”飞机

（三）直觉思维

直觉思维能以少量的本质现象为媒介，直接把握事物的本质与规律，是一种不加论证的判断力，是思想的自由创造。1910 年的一天，科学家魏格纳在看一张世界地图时，忽然被一个奇妙的现象吸引住了。他发现大西洋西岸的巴西东部突出部分正好嵌入非洲西海岸凹进去的几内亚海湾。这也太巧了！难道是偶然吗？从此他开始仔细地研究起海岸线，发现几乎每个巴西海岸的突出部分都和非洲几内亚海湾的凹进部分相吻合，其他海岸线也基本上是这样。莫非它们原来是连在一起的，后来才渐渐地分离开？魏格纳大胆地设想：原来各大洲是由一整块的大陆经过断裂、分离而成的。魏格纳为了证实自己的这种想法，多方搜集资料，分析了地球物理学、地质学、古生物学、古气候学、大地测量学等相关材料，取得了海岸线的形状、地质构造、古生物等多方面的证据，并提出了“大陆漂移说”。他认为，在远古时代，大陆只是一块庞大的原始陆地，叫“泛大陆”，它的周围是一片汪洋。后来由于种种原因使泛大陆破裂成几大块，它们就像漂浮在海洋上的冰山，不断漂移，越漂越远，形成了现在的海陆状况。利用直觉思维，一位气象学家创建了地质学的新学说。

（四）灵感思维

奥地利作家茨威格曾说："伟大的事业降临到渺小人物的身上，仅仅是短暂的瞬间。谁错过了这一瞬间，它绝不会再恩赐第二遍。"

灵感是人们借助于直觉启示而对问题得到突如其来的领悟或理解的一种思维形式。它是创造性思维最重要的形式之一。灵感的出现不管在时间上还是在空间上都具有不确定性，但灵感产生的条件却是相对确定的。它的出现有赖于知识的长期积累，有赖于智力水平的提高，有赖于良好的精神状态与和谐的外部环境，有赖于长时间紧张的思考和专心的探索。

美国人卢托是一位年轻的制瓶工人。有一天，他看见他女朋友穿了一条裙子，这条裙子的膝盖上面部分较窄，使腰部显得很有吸引力，看上去挺拔而漂亮。他觉得这条裙子很美，就一直盯着看。

突然一个念头闪进他的脑海：如果做一个这种形状的瓶子一定别具一格。于是他就开始制作起来，并在瓶子上印了和裙子一样的图案。半个月后，一种新款式的瓶子诞生了，就是我们现在所看到的可口可乐瓶子的造型。它不仅外观别致、美观，而且用手握住时不容易滑落，同时，瓶子里的液体看上去要比实际的多。1923 年，卢托以 600 万美元的价格把专利权卖给了可口可乐公司，从而一夜成名。

（五）发散思维

发散思维又称辐射思维。它不受现有知识和传统观念的局限与束缚，是沿着不同方向多角度、多层次地思考、探索的思维形式。著名创造学家吉尔福特说："正是在发散思维中，我们看到了创意思维最明显的标志。"

发散思维有流畅性、变更性、独特性三个不同层次的特征。

流畅性反映了发散思维的速度；变更性反映了发散思维的灵活；独特性反映了发散思维的本质。设计、创造要有新意，应当注意思维的独特性。

寻找新方法最稳妥的办法，就是充分开启发散思维，绝不要在刚找到第一种正确答案时就止步不前，而要继续寻找其他的答案。没有哪种方案是完美无缺的，如果你只钟爱一种方案，你就看不到其他方案的长处，因而失去很多机会。生活中最大的乐趣就是能够不断地从过去的想法中走出来，这样才有可能自由地在新天地中驰骋。

你家的盘子怎么放？是全部叠起来放，还是放在专门放盘子的架子上？解决问题的办法就这么多吗？不，设计师设计出了一种全新的盘子，底部是平的，这样盘子在竖起来的时候就不需要盘架了，可以自己一个个地“站起来”（见图 2-33）。

图 2-33 竖立的盘子

但是，这不是唯一的解决办法，盘子除了可以“站起来”外，还可以挂起来（见图 2-34）。可见，解决问题的方法不止一种，只有思维发散了，才能设计出更多更好的产品。

你同时穿过两双鞋吗？在家时穿着一双舒适的室内鞋，要出门了，换鞋？真麻烦！现在你可以不用这么麻烦了。Nike 公司生产了一款新型的鞋子，质地舒适，有透气的网面鞋身和轻软的鞋垫，出门时也不用脱下来，只要穿上专为它准备的“外套”就可以了。同时，这双鞋的“外套”也可以作为凉鞋单独穿（见图 2-35）。

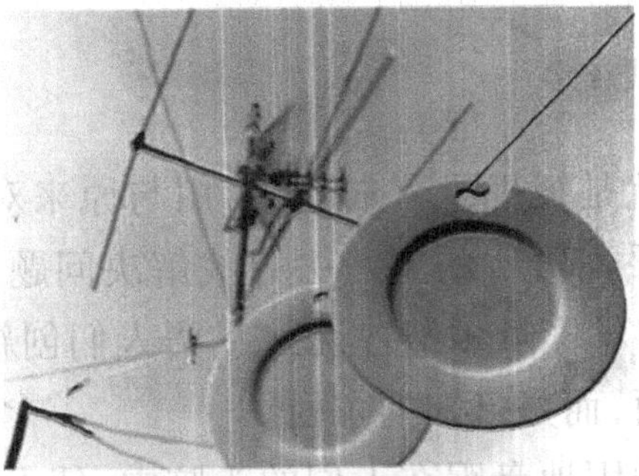

图 2-34　盘子悬挂设计

图 2-35　Nike 凉鞋

（六）收敛思维

收敛思维也叫集中思维，是以某一思考对象为中心，从不同角度、不同方面将思路指向该对象，以寻找解决问题的最佳答案的思维形式。

在创造性思维过程中，发散思维与收敛思维是相辅相成的。只有把二者很好地结合起来使用，才能获得创造性成果。比如，病人去医院看病，会告诉医生自己的病症。但是什么原因引起的症状呢？这里医生会先用发散思维：可能吃多了，可能发炎了，可能是神经功能症等。医生继续询问各种病症，并开始各项检查。等到确诊病因后，就用收敛思维的方法，用一切可行的方案集中力量将病治好。

（七）逆向思维

逆向思维就是把思维方向逆转，用与原来对立的想法，或者表面上看来似乎不可行的方法去寻找解决问题的办法的思维形式。世界著名科学家贝尔纳曾说：“妨碍人们创新的最大障碍，并不是未知的东西，而是已知的东西。”

思维定式顽固地盘踞在人们的头脑中，使人们无法和创意进行亲密接触。当一个问题不能从正面去解决时，从反方向去思考，往往会得到意想不到的惊喜（见图 2-36）。

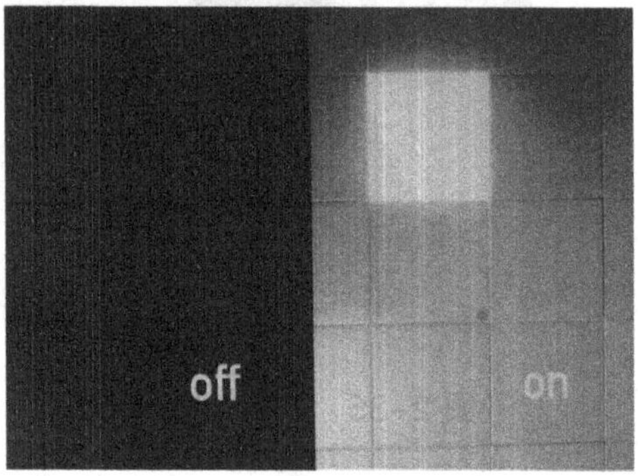

图 2-36　逆向思维运用

米开朗琪罗不仅是伟大的雕塑家，同时还是逆向思维的实践者。很多人认为雕塑的目的就是对一块没有定型的大理石强加形象。米开朗琪罗对此却持相反的观点，他认为一种完美的艺术形式实际上已经存在于大理石中，他的任务就是削去不必要的石块，让已经存在的艺术形态从“石头监狱”中解放出来。他认为自己只是雕像的仆人，只需要削去一些石块，以便展示隐藏于大理石表面下的美景，而不是把他自己的意志强加于顽石之上。

同样，世界著名的家居用品连锁店——宜家的产品设计也运用了这种思维方式。一般我们都是先设计出产品，生产出来定价后销售的。但是宜家却不这么做。它是先给产品定价，然后设计师根据产品的价格设计出相应的产品。这也是宜家在全世界特别是在中国如此受欢迎的原因之一。一个非常现代的有设计感的产品，价钱却不贵，每个人都能承受得起，花同样的钱消费者当然更愿意选择宜家的产品。

芝加哥的玛丽娜城（Marina City）65层楼高，像两个巨大的玉米，所以也被称为双玉米楼。它与众不同之处在于1～19层是开放裸露的螺旋状停车场，每一座都有896个车位。一般大楼的停车场都设计在地下，但是设计师运用了逆向思维的方法，把地下停车场搬到了地面甚至楼上，让这座建筑成为芝加哥最出名的建筑之一，令人过目不忘（见图2-37）。

图2-37　芝加哥的玛丽娜城

（八）联想思维

你一定发生过只找到一只袜子，而另外一只不知去向的情况吧。那么为什么袜子不能多拥有一只呢？英国一位年轻的设计师通过自身的遭遇而设计出了三只袜子，以防其中一只丢失。还有三只鞋，相当于买了两双鞋，还可以搭配不同的衣服，既节约了成本，又收到了不同的效果。

联想思维是一种把已经掌握的知识和某种思维对象联系起来，从二者的相关性中得到启发，从而获得创造性设想的思维形式。联系越多，获得的突破也就越大。“在人类的所有才能中，与神最接近的就是想象力”，想象是创意的一种深度，正如雨果所说：“没有一种精神机能能比想象更能自我深化、更深入对象。”

我们经常听到：“成功来自99%的努力加1%的天分。”但事实上，在需要创意的行业里，1%的天分往往决定了99%的成功。同样的道理用在产品设计上就是："好的创意来自于99%的努力加1%的想象力。"但事实却是1%的想象力决定了99%的努力。在遇到问题时只有展开海阔天空的想象，并把它们和自己所思考的问题联系起来，创意才会源源不断地出现。

第二节　以用户为中心的核心原则

一个产品的来源可能有很多种：用户需求、企业利益、市场需求或技术发展的驱动。从本质上来说，这些不同的来源并不矛盾。一个好的产品，首先是用户需求和企业利益（或市场需求）的结合，其次是低开发成本，而这两者都可能引发对技术发展的需求。（1）越是在产品的早期设计阶段，充分地了解目标用户群的需求，结合市场需求，就越能最大限度地降低产品的后期维护甚至回炉返工的成本。如果在产品中给用户传达"我们很关注他们"这样的感受，用户对产品的接受程度就会上升，同时能更大限度地容忍产品的缺陷，这种感受绝不仅仅局限于产品的某个外包装或者某些界面载体，而是贯穿产品的整体设计理念，这需要我们在早期的设计中就要以用户为中心。（2）基于用户需求的设计，往往能对设计"未来产品"很有帮助，"好的体验应该来自用户的需求，同时超越用户需求"，这同时也有利于我们对于系列产品的整体规划。

随着用户有着越来越多的同类产品可以选择，用户会更注重他们使用这些产品的过程中所需要的时间成本、学习成本和情绪感受。（1）时间成本。简而言之，就是用户操作某个产品时需要花费的时间，没有一个用户会愿意将他们的时间花费在一个对自己而言仅为实现功能的产品上，如果我们的产品无法传达任何积极的情绪感受，让用户快速地使用他们所需要的功能，就无法体现产品最基本的用户价值。（2）学习成本。主要针对新手用户而言，这一点对于网络产品来说尤为关键。同类产品很多，同时容易获得，那么对于新手用户而言，他们还不了解不同产品之间的细节价值，影响他们选择某个产品的一个关键点就在于哪个产品能让他们简单地上手。有数据表明，如果新手用户第一次使用产品时花费在学习和摸索上的时间和精力很多，甚至第一次使用没有成功，那么他们放弃这个产品的概率是很高的，即使有时这意味着他们同时需要放弃这个产品背后的物质利益，用户也毫不在乎。（3）情绪感受。一般来说，这一点是建立在前面两点的基础上的，但在现实中也存在这样一种情况：一个产品给用户带来极为美妙的情绪感受，从而让他们愿意花费时间去学习这个产品，甚至在某些特殊的产品中，用户对情绪感受的关注高于一切。例如，在某些产品中，用户对产品的安全性感受要求很高，此时这个产品可能需要增加用户操作的步骤和时间，来给用户带来“该产品很安全、很谨慎”的感受，这时减少用户的操作时间，让用户快速地完成操作，反而会让用户感觉不可靠。

设计发展至今，所面对的对象已经转变过很多次，如今，任何一种产品设计，如果希望得到用户的欣赏，就需要对用户尊重和关心。市场并非由生产者、经营者、广告机构和质量监督单位等组成，如果没有用户，这一切都变得没有意义。作为市场中最重要的买方，用户的决定将改变一个市场的方向，而当用户数量变多时，这种变化会呈数量级上升。如果用户认为某款产品失去了使用价值，那么该产品将面临淘汰，甚至彻底消失的状况。我们可以观察一下，现在身边还有多少移动设备的用户在使用1.8、2.0英寸屏幕的手机呢？少之又少。原因就在于传统的小屏幕移动手机本身无法一次性解决用户体验问题。首先，功能少，无法实现多种移动应用；其次，显示信息有限和操作受限制，小屏幕老化的界面设计不能带来愉悦的感官享受，在密密麻麻的按键限制下你也许只能用大拇指来操作。另外，有限的外观设计，从视觉上直接否定了使用档次。由于受全球经济合作的影响，目前我们能够看到的任何产品大概都不会只有生产商在设计制造，那么产品的质量、差异化、可用性、易用性等变量，就逐渐成为用户挑选产品的参考因素。一个用户购买你的产品，并不能说明你的产品已经成功，而是表明你要准备好接受一系列严格的测试和评估，任何对产品不利的观点都可能会被用户无情地放大。

图 2-38 是以用户为中心的第一步“懂用户”，即首先要清楚你的用户在哪里，明白谁才是你真正的用户。学会甄别用户（制定硬性条件，对用户进行分级定位），了解用户的背景资料、喜好特征、工作和生活方式，以及消费水平等相关数据信息。下面我们以实际案例——为孕妇打造一款高端座椅为例，介绍如何甄别用户——懂用户。

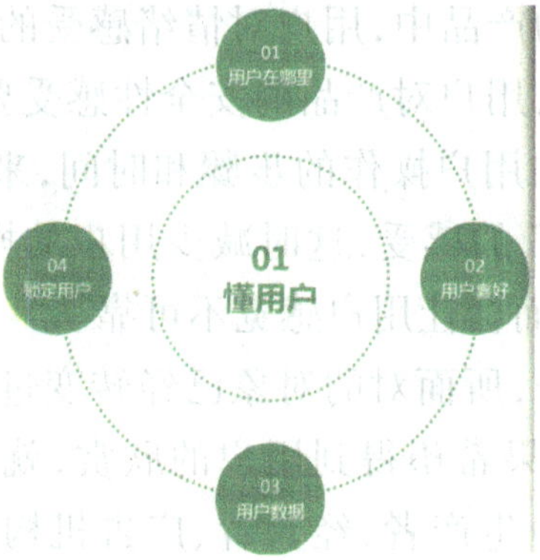

图 2-38 懂用户

LKK 洛可可为孕妇打造设计一款高端座椅。该项目需求售价：1 万 ~ 3 万元，以提升 Bobie 在中国市场上的知名度。首先要找到用户，进行用户研究——甄别用户：制定硬性的条件 1 个月收入两万元以上，通过消费和生活品质等来对用户进行分级定位，锁定用户后，对用户进行深度访谈，制作人物原型，并对访谈进行分析，对切入点进行评估（见图 2-39）。

通过 500 份调查问卷，结合我们甄别的硬性条件，对用户进行了分类，最终通过 8 个用户进行了深入访谈，收集了重要的用户信息，为高端孕妇座椅的设计提供了参考。

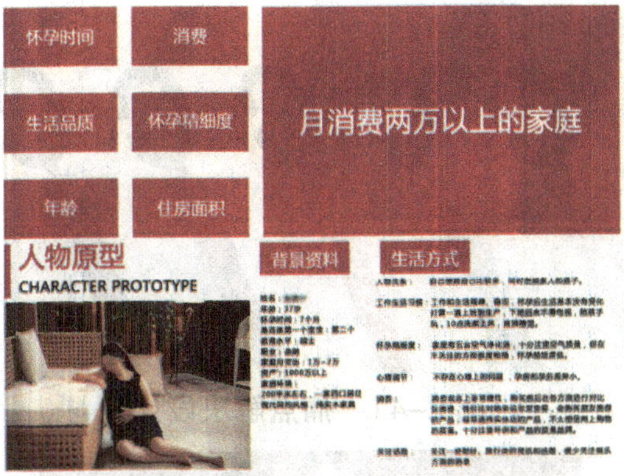

图 2-39　用户定位

图 2-40 是以用户为中心的第二步“挖痛点”。做好一个产品，要从用户需求、痛点分析入手。一个优秀的工业设计师，除了要有好的设计思路，还要了解用户的需求和痛点，重要的是发现用户在使用产品时的体验问题，提出有效的解决办法，有针对性地对产品进行创新设计。例如，色彩、材质、大小、形态这些比较浅显的需求是明确的，可以迅速被发掘的，而很多潜在的需求和痛点却往往难以被捕捉到。比如下面 C 形雨伞的案例就是在解决我们生活中下雨时打伞不能玩手机的痛点（见图 2-41）。

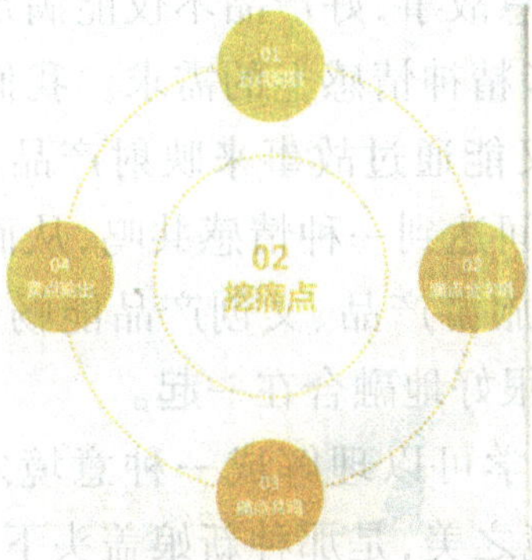

图 2-40　挖痛点

对于每天无时无刻不在看手机的人来说，每当下雨时撑伞无法使用手机都是我们的一个痛点，怎么才能解放出我们的双手，解决下雨天看手机的问题呢？设计师采用了 C 形的雨伞把手（见图 2-42），可以套在手臂上，解决下雨边打伞边玩手机的一个痛点。

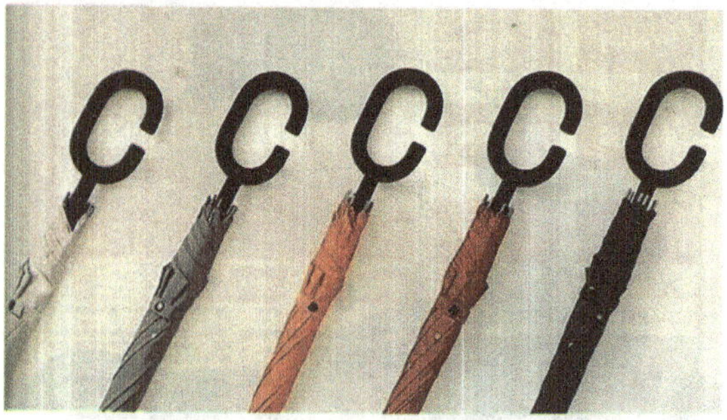

图 2-41 痛点解决设计

图 2-42 C 形的雨伞把手

图 2-43 是以用户为中心的第三步“讲故事”。一个好的产品一定有一个好的创意故事，好产品不仅能满足消费者物质上的需求，还能满足消费者精神情感上的需求。我们既能通过产品了解产品背后的故事，又能通过故事来映射产品，往往一个故事可以使人与产品两者之间达到一种情感共鸣，从而使客户产生购买的欲望。之所以一些旅游产品、文创产品能畅销，也是因为产品背后的故事能和产品很好地融合在一起。

中国的传统美学可以理解成一种意境之美，是那种雾里看花、水中望月的意境之美，是那种新娘盖头下含蓄、内敛的意境之美。这款高山流水的香道产品，利用负压原理，让烟如流水般向下倾泻流淌，以石代山，以烟喻水，用小景观，看大山水。道家说：“上善若水，水利万物而不争。”佛家曰：”空山无人，水流花开。”那究竟什么才是空山的世界呢？它不是泰山，不是黄山，更不是喜马拉雅山，它是我们心中用三块石头垒成的山。在这座小山里，花在尽情地开，水在自在地流。我们想表达的就是空谷幽兰的自在之美。古人玩香品茗，而都市人工作节奏快、压力大，需要这样的产品，花一炷香的时间与心灵对话。

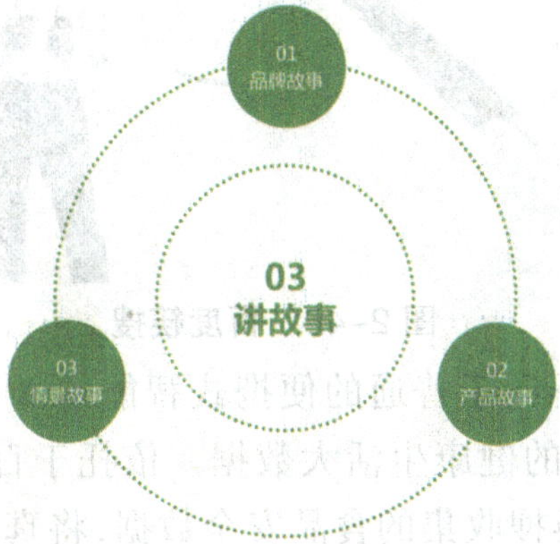

图 2-43 讲故事

图 2-44 是以用户为中心的第四步“爆产品”。一款全新的产品很多时候是依靠科技的创新来驱动和引爆的，往往一项科技的进步能够带来巨大的产品市场。设计师应时常关注科学技术领域的资讯，借助新的科学技术研发设计一款新产品，快速占领市场，取得最大的产品价值和社会价值。下面是由洛可可和百度共同打造的一款可以解决健康饮食的方案产品——百度筷搜（见图 2-45）。

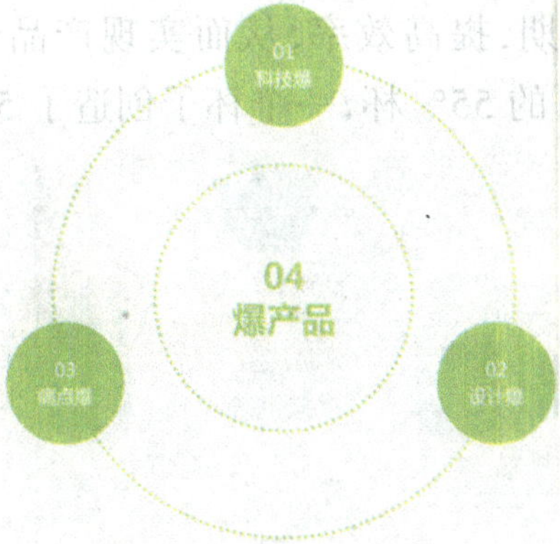

图 2-44 爆产品

图 2-45　百度筷搜

“百度筷搜不同于普通的便携式智能硬件，其价值还在于发掘出真正有价值的健康生活大数据。依托于百度搜索和大数据分析能力，百度筷搜收集的食品安全数据，将真正解决消费痛点，在日常生活中随时随地满足用户对更高质量健康生活的渴求。”过去，我们对食品安全或者健康有疑问的时候，只能通过文本的方式去搜索，现在有一个智能硬件设备可以用来直接采集信号进行搜索，每一次对食品安全和健康方面的检测都是一种新型的搜索。

在进行了一系列的科技引爆后，就到了图 2-46 所示的以用户为中心的第五步“轻制造”。设计要考虑产品的使用材料和表面处理工艺，应首选成熟的加工制造工艺，以减少和缩短设计研发成本和设计周期，提高效率，从而实现产品快速上市的计划。图 2-47 为洛可可的 55° 杯，一个杯子创造了 50 亿元的产值。

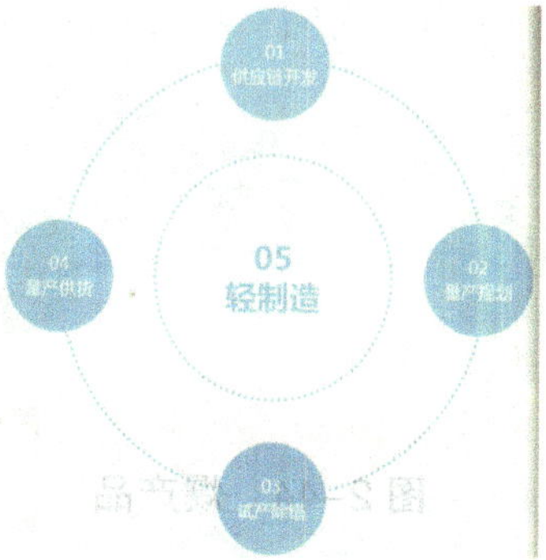

图 2-46　轻制造

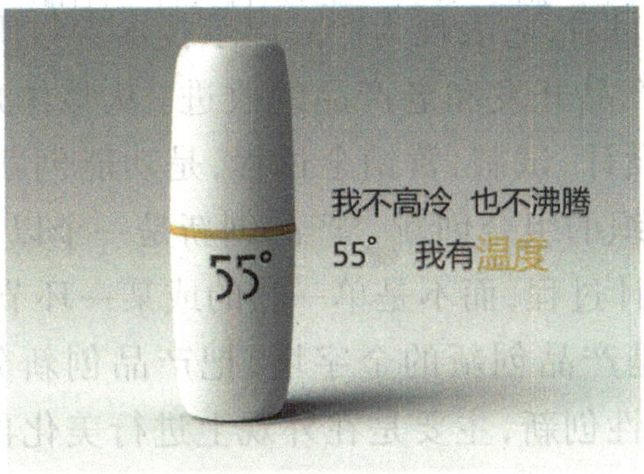

图 2-47 55° 杯

55° 杯在材质上采用了食品级 PP 和不锈钢材质，以及微米级传热材料，当水温高于 55° 时，能快速地把热量传导到杯壁并储存起来。选择了杯子行业中有十几年经验的生产商，进行结构设计优化、模具的开发、试模、小批量生产、表面加工工艺的处理，并保证产品品质的细腻等。

第三节 以创新为驱动的核心价值

什么叫创新？创新是指以现有的思维模式提出有别于常规或常人思路的见解，以此为导向，利用现有的知识和物质，在特定的环境中，本着理想化需要或为满足社会需求，而改进或创造新的事物、方法、元素、路径、环境，并能获得一定有益效果的行为。创新是当今世界，以及我们国家出现频率非常高的一个词，同时，创新又是一个非常古老的词。在英文中，创新（Innovation）这个词起源于拉丁语。它原意有三层含义：第一，更新；第二，创造新的东西；第三，改变。创新思维是指以新颖、独创的方法解决问题的思维过程，通过这种思维能突破常规思维的界限，以超常规甚至反常规的方法、视角去思考问题，提出与众不同的解决方案，从而产生新颖的、独到的、有价值意义的思维成果。

根据科特勒的产品定义，现代企业产品创新是建立在产品整体概念基础上的，是以市场为导向的系统工程。

从单个项目看，它表现为产品谋求技术参数质和量的突破与提高，包括新产品开发和老产品的改进。从整体角度考察，它贯穿产品构思、设计、试制、营销全过程，是功能创新、形式创新、服务创新多维交织的组合创新。产品创新是一个以“事件”为整体考量的系统设计过程，而不是单一物的或某一环节的创新。

图 2-48 是产品创新的金字塔，把产品创新分为五个层面。第一层是表层性创新，主要是在外观上进行美化再设计：第二层是沿袭性创新，即对前一代产品进行优化升级设计；第三层为渐进式创新，即对产品的功能进行完善，让产品更易用、有价值；第四层为机会性创新，对已有的产品（成功或失败）在原有设计的基础上进行重新定位，寻找新的功能价值；第五层为根本性创新（颠覆式创新），即市场上完全没有，是从无到有的创新方式，这个要依靠科技创新。创新金字塔从下往上难度逐渐增加，同样，创造的价值也逐渐提高，创新程度和价值含量必然导致产品之间的差异化。

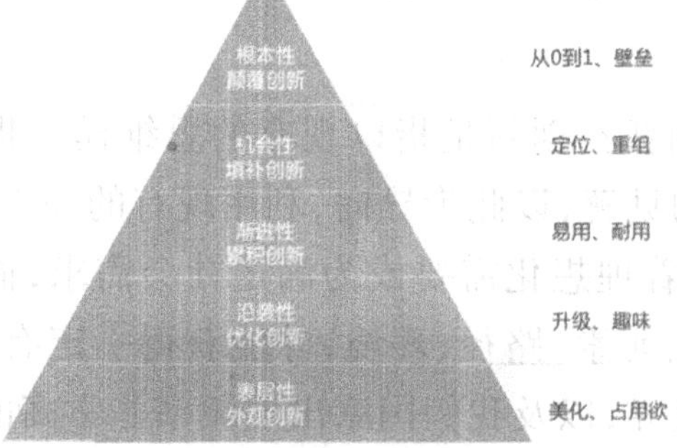

图 2-48 产品创新金字塔

产品创新的目的之一就是要通过不间断的创新行为，让企业在消费者心目中建立独特的价值感，从而满足不同层次消费者在内心需求层面上的成长需求，建立品牌忠诚度。而这一目的的达成，就取决于我们对顾客让渡成本中（顾客所得价值）所涉及的各因素的有效调节，并通过产品创新，进行有效的总体优化，使消费者不断达成价值预期，并不断超越价值预期。

我们应如何培养创新能力呢？个人潜在的创新能力表现在创造性人格、创造性思维和创造方法上（见图 2-49）。其中，创造性人格是指后天培养出来的优良的信念、意志、情感、情绪、道德等非智力因素的总和。创造性思维是指养成打破传统的习惯性思维方式和记忆迁移，寻找另外的途径，从某些事实中探求新思路、发现新关系、创造新方法，以解决问题。

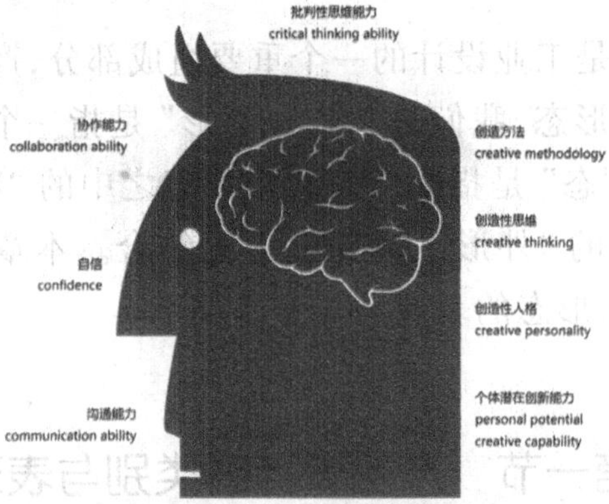

图 2-49　创新思维

直接体现于产品的外观设计美的设计可以激发原始的、快速的本能反应，直观评价产品的好与坏、安全还是危险，情绪是紧张还是舒缓，甚至有瞳孔变化、尖叫等生理直观反应，从而直接捕获用户的潜在需求欲望。

第三章　产品设计的类别与形态表达

产品设计是工业设计的一个重要组成部分，产品形态是产品的外在表现。形态，我们通常认为，“形”是指一个物体的外在形式或形状，而“态”是指物体蕴藏在形态之中的“精神态势”。形态就是指物体的“外形”与“神态”的结合。本章重点对产品设计形态的意义、形态的表现展开论述。

第一节　产品设计的类别与表现

一、产品设计的类别

产品的分类方式有很多，分类依据不同，得到的类别结果也就不同。因而，一件产品往往会从属于多个不同的类别系统。这些类别系统相互交织，从不同的方面体现出该产品的性质。

以下从几个不同的角度对产品进行划分。

（1）按产品用途不同可将产品分为生产资料和消费资料。

（2）按生产它们的物质生产部门的不同，又可分为工业产品、农业产品、建筑业产品等。同时，各部门内部产品也可分类，如工业产品内部又可分为重工业产品和轻工业产品；重工业产品又可分为冶金产品、机械产品、化工产品等。

（3）各行业内的产品可进行细分，从不同角度又可将产品分为主要产品和次要产品以及试制新产品、未定型产品、定型产品、标准化产品等。

每一类产品都有其所属的特征，在进行产品设计时，设计师应对所设计产品有一定的了解，掌握其特质与属性，从而更好地把握设计重点，突显产品的优势。但是依据产品设计的最终定位，无论何种类型产品的设计均可分为改良设计、方式设计及概念设计三种。

二、产品设计的表现

（一）产品设计表现技法基础

1. 设计素描

（1）设计素描与基础素描的区别

设计素描是工业设计表现技法的基础训练之一。在表现技巧和画面效果上，主要以线为主、不施明暗、没有光影变化。概括来说就是用素描的手法根据结构规律去描绘物体，从而达到认识形态、理解形态、掌握形态组合内在规律的目的。设计素描的主要精力集中在对结构的正确理解。

基础素描的目的是培养造型能力、训练正确的观察能力。主要依据外形轮廓的二维比例描绘物体。对形态的理解和表达着重在物体的外表形态层面：通过合理的构图、准确的轮廓描绘、变化丰富的明暗调子、较强的质感和空间感表现、微妙的虚实处理等表现物体。而设计素描的最终目的在于训练设计师用三维的空间思维去理解对象，对表现对象进行综合性的分解和剖析，以培养比例尺度概念、三维空间概念，把握形态组合及其过渡规律、形态的分析与理解等方面为重点；描绘过程是以三维立方体为基准的观察方法扩展进行的，二维比例的观察方法只是作为不断校正的方式，对形态的理解、表达着重于清晰、明确的内外结构规律及其空间变化描述。因为两者在侧重点上不同，因而作用和效果都不尽相同，如从图 3-1 中看到的电话练习目的是分析电话产品的形体结构，而不是为了形态描绘、质感表现等。

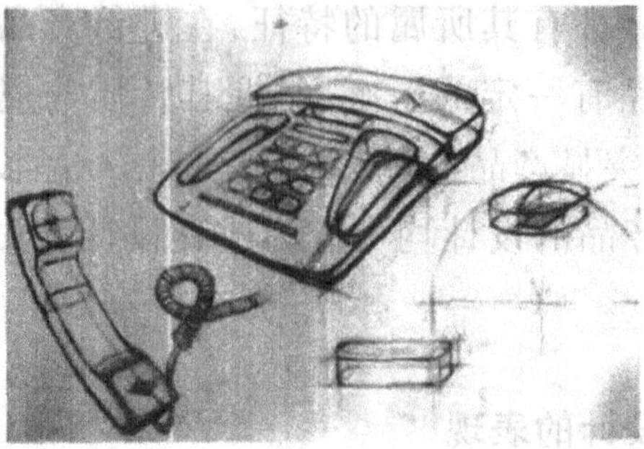

图 3-1　设计素描实例——电话

设计素描的训练对设计师是至关重要的。因为设计师的创作过程是一个从无到有的过程，设计师必须具备三维的造型能力和组织能力，并能以恰当的方式形象地表述出来，因此设计师如果仅有“写生”的描述能力是无法进行形态认知和结构推敲的。在设计素描训练中，理解是关键所在。任何产品，结构是骨架，外形是表皮，外形依附于骨架，没有骨架的外形是无法成立的，因此，要想正确体现形态，首先要认知其内在的构造。设计素描的训练是从外部观察入手，通过认真地观察、分析，理解其结构的构成要素和关系，再由内而外推导出外在的形态。设计素描不注重表现的结果，而注重训练过程中的理解。

（2）设计素描对于工业产品设计表现技法的启示

①训练设计师快速把握形体的能力

设计素描的练习，使我们理解基本形态由于视点移动所引起的各种透视角度及形态变化，对于无论多么复杂的形态，都可以正确地快速捕捉形象、建立形象，并表达出来。

②加深设计师对于形体的认识

设计素描在描绘方式、观察方法及理解角度上有助于“全方位”认识形体。观察方法及理解角度上从固定角度变为多维角度，透过产品的外表，向核心观察，探究其内在结构，不仅要描绘看得见的外观形象，而且要画出物体看不见的内在结构及被遮挡的外部轮廓（见图 3-2），是设计思想深化、整理的过程。

图 3-2 基础素描示例——石膏像

（3）加深设计师对于空间感的认识

“空间感”是表现图具有真实可靠感的前提，也是设计方案交流的基础。设计素描对于形体的描绘是通过富于变化的线条实现的，遵循透视规律的、虚实变化的粗细线条，可以建立“空间”的真实感。通过描绘的过程，设计师可以透彻地理解物体的形体与比例、结构与空间分析、比较与综合，以获取该形态的三维“空间感”。

（4）设计素描的绘画步骤

设计素描的具体画法如下。

①通过细致、整体的观察把握对象的形态特征、结构关系。

②确立一个良好的构图。

③用轻淡的线条画出水平基线和物体的透视基线（找出水平基线与平面透视线的角度）。

④将圆柱体、球体及其他复杂形体理解归纳成单纯的方体来确立最初的比例，注意要把握比例和透视关系。

⑤重点把握各局部之间的比例、结构关系、形体间的连接方式。对各局部形体进行概括的描绘，一些细节暂时可不加考虑。

⑥对各局部进行进一步描绘，要求将看不见的形体和结构关系描绘出来，着重刻画形体间的交接面。

⑦进一步强调对象的主要轮廓、结构关系，线条的轻重、粗

细、快慢要根据不同的材质而有区别。

⑧最后,进一步真实地表现对象的质感。辅助线可保留,以便加强物体在空间中的分割效果,必要时还可在圆柱体或其他形体上画些辅助截面,这样能使形体的空间概念加强。

2. 设计透视

(1)透视

由于人眼的视觉作用,周围世界的景物都以透视的关系映入人们的眼帘,使人能感觉到空间、距离与物体的丰富形态。在日常生活中,会看到这样的景象:一排排由近及远的电线杆,最远处渐渐消失到一点,离人们距离远近不同的电线杆的大小、粗细、疏密、虚实感觉不同,这都是因为透视现象的存在。因此,为了真实地表现物体,设计表现时常用透视图。透视的规律:近大远小、近粗远细、近疏远密、近宽远窄、近实远虚。近宽远窄是指物体的平行线近处稍宽、远处稍窄,即平行线的透视线最终消失到一点。物体深度距离长,透视线收得快;物体深度距离短,透视线收得慢。

人们透过一个面来视物,观看者的视线与该面交成的图形,称为透视图。透视图是一种运用点和线来表达物体造型直观印象的轮廓图,也称为"线透视"。透视图实际上也相当于以人的眼睛为投射中心时的中心投影,所以也称为透视投影。透视图和透视投影常简称为透视。

透视图画法中包括的基本概念如下。

视点:画者眼睛的位置。

视心线:由视点引画面垂线叫视心线。视心线总是与画面垂直。

心点:视心线与画面的交点叫心点。

视平线:表示画面上的视点、灭点移动的轨迹,也就是眼睛高度线。

基线:地平面或其他面(桌子、平台)与画面相交的线。

视图：指人眼的视域。

灭点：虽然表面上在画面上不平行，但物体上相互平行的直线向远处延伸的最终交于视平线上的点，称为消失点或灭点。

（2）透视图的种类

透视图的种类与制图方法有很多，较常见的有三种不同的透视图形式，即一点透视、两点透视和三点透视。

①一点透视

一点透视也称平行透视。物体的一个面与画面平行时，只有一个灭点。由于这种透视图表现的有一平面平行于画面，故称为“平行透视”。此类透视方法较多运用于室内、外环境的表现中，在产品设计效果图中较少运用。

②两点透视

两点透视也称成角透视。物体与画面成一定角度时，其中一棱线平行于画面，角度不变，两边则各消失于两边的灭点上。两点透视能较为全面地反映物体的几个面，而且可以根据图和表现物体的特征需求自由地选择角度，透视图形的立体感强、失真小，因此在产品表现图中广泛采用。

③三点透视

三点透视即斜透视。物体没有一边平行于画面，其三个方向均对画面形成一定角度，分别消失于三个灭点。三点透视通常呈俯视或仰视状态。常用于加强透视纵深感，以室外建筑表现居多，在产品效果图中应用较少。

（3）透视图的画法

产品设计中使用的透视法是把三维形体在二维平面上加以表现的方法，设计师在设计产品造型，并通过表现图向他人传达时，透视图是极其有效的手段。

（4）45° 透视法

45° 透视法在产品的正面与侧面大小基本相等，且都需要重点表现时是常用的技法。以正方体的透视画法为例（见图 3-3），方法如下。

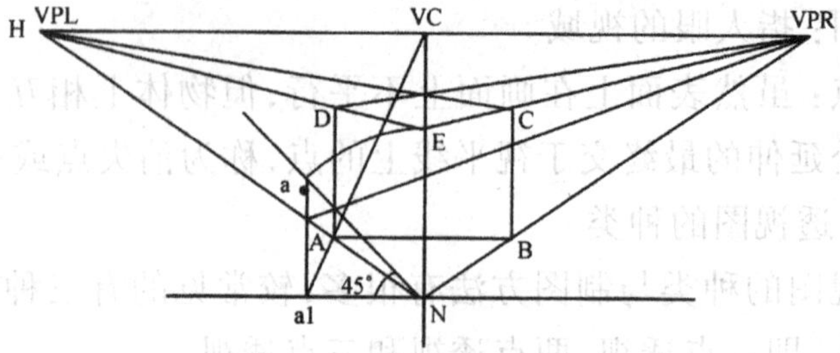

图 3-3　45° 透视法

在画面上方画水平线(视平线 H),左右两端设灭点 VPL、VPR,取其中点为视心 VC。

从 VC 往下作垂线,在适当位置设正方形的近接点 N。取 NE 等于正方体的边长,由 N 向 VPL、VPR 作连线。

过 N 点作水平线,并过 N 作 45° 倾斜线,以 N 为中心,NE 为半径作弧交 45° 倾斜线于 a。

从 a 向下引垂线与水平线交于 a1,连接 a1VC 与 N—VPL 交于 A 点,过 A 作水平线与 N—VPR 交于 B 点,从 A、B 点向上作垂线(其余点皆是从 NE 上取等长,再返线 Na 上求点,引垂线交水平线点后向 VC 引线,该线与 N—VPL 的交点即所求进深点)。

由 E 点向 VPL、VPR 作连线,与从 A、B 点作垂线交于 C 点、D 点连接 D—VPR、C—VPL 即完成立方体可见轮廓的透视图。

(5)30° ~ 60° 透视法(两测点透视法)

30° ~ 60° 透视法常用于产品需要分别表现主次面时的透视图。以正方体的透视画法为例(见图 3-4),方法如下。

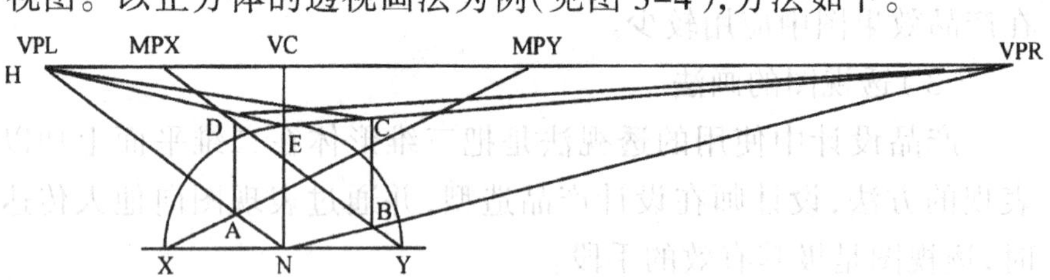

图 3-4　30° ~ 60° 透视法

①画一条水平线(视平线),定出线上的消失点 VPL 和 VPR,定出 VPL 和 VPR 的中点 MPY 为一测点,定出 MPY 和 VPL 的中点 VC,取 VC 和 VPL 的中点 MPX 为另一测点。

②从 VC 向下引垂线，在适当位置定出立方体的最近角 N（注意要使夹角大于 90°）。

③通过 N 引出水平线为基线。

④定出立方体的高度 NE。

⑤以 N 点为中心，NE 为半径画圆弧交基线于 X 和 Y 点。

⑥由 N 点向左右的消失点引出透视线，并同样做出由 E 点引出的透视线。

⑦连接 MPX 与 Y、MPY 与 X，得到与透视线的交点。透视线和其交点决定了立方体的进深（左右两面其余点的进深取法与此相同）。

⑧从立方体底面的 4 个定点分别画出垂线，从而完成立方体。

（6）表现图中透视图的运用

在掌握透视技法的同时，绘制产品表现图时还需要关注以下几个问题。

①视平线与灭点的选择

对所画物体取俯视还是仰视角度，如何确定基线与视平线的距离。要视所画对象物大小不同分别处理：对于小型产品（如手机、电话等），由于平常都居于俯视位置观看，则应将视平线置于图形偏上部，两灭点远离图形；对于中型产品（如家具、机床等），应将视平线置于图形内偏上部，两灭点在图形以外，但应稍向内接近。

②美观的物体角度的选择

物体角度的选择要以展示功能面信息最多为前提选择恰当的视角，透视角度的把握以不失真为原则，要符合人们的观赏心理。45° 透视法宜用于产品的侧面与正面都需要说明的情况，尤其当产品的正面与侧面长度尺寸差别不大时，用 45° 透视的画面形象优美，效果较佳。30° ~ 60° 透视法宜用于产品立面有主次之分的情况。当两侧面尺寸相差较大时，用此法可获得图面生动的艺术效果。图 3-5 所示的汽车透视图采用了 30° ~ 60° 透视法，表现汽车的功能面，较多地传递产品的信息，且画面生动。

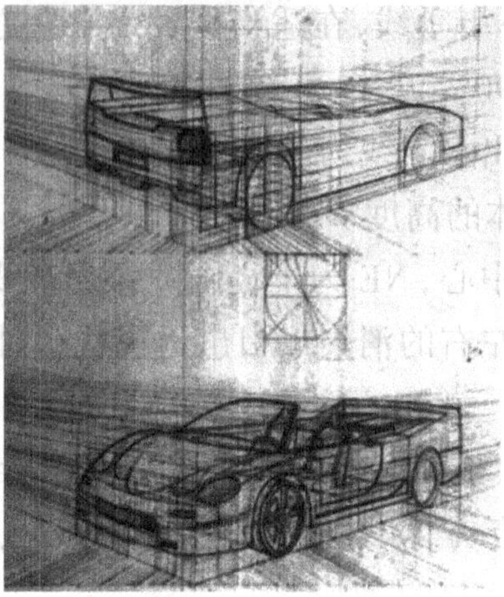

图 3-5　汽车透视图

透视技法的训练以训练由理性认识至感性运用为目的，反对机械照搬。因为完美的理性透视可以通过 CAD 软件获得。在掌握方法后，绘制表现图时可以省略一些步骤，简单地确定灭点和重要辅助线来进行徒手绘制，表达构思的形态。这种方法可以快速便捷地展开设计方案。

3. 设计色彩

（1）色彩写生与表现图中的色彩

色彩是设计中不可分割的重要因素。研究色彩是从事设计的前提和基础。工业设计师要能够理解一般色彩现象和掌握色彩应用的规律，认识色彩、理解色彩、应用色彩是设计色彩学习的目的。

色彩训练即色彩美感训练。其宗旨在于启迪和唤醒人们视觉的色彩感受潜力，强化色彩感受的敏锐性。表现图中的色彩主要目的是还原表现物的色彩属性、质感属性等，并通过一定的色彩艺术渲染，达到烘托气氛、突出表现物等目的。

（2）表现图中色彩与色彩写生的区别

色彩写生的目的旨在培养正确的观察方法。引导深层的心理体验，体会色彩的情感品格，熟悉艺术的审美法则，发现色彩间的复杂关系，从而形成个人的色彩语言，提高色彩的表达能力，这是色彩训练的最终目的。色彩训练主要通过色彩的冷暖变化分析、整体统一表现等技法表现画者的色彩主观感受。

设计表现图中的色彩不同于一般的绘画色彩，更倾向于为“图纸”服务，体现一种沟通性，因而考虑的因素比较少。它要求色彩表现单纯、少变化，目的在于表现物体的色彩属性。基本使用固有色表现，只在亮部和暗部有一定的色彩冷暖变化，但很微弱，主要关注画面中大色块之间的关系，如产品主体、产品细节、投影、底色几大关系。投影常用黑色，只需达到对观众的视觉刺激和信息传递就足够了。大致有以下特点。

以服务“图纸”为目的。旨在还原设计物的色彩属性，实现与观者的沟通。

客观性表现强，主观性色彩感受降低。

形体准确与色彩准确兼顾，重点塑造形体，传达设计物形态、功能部件、材料工艺、固有色等属性，因此在色彩表达中强调明暗转折形体表现，弱化冷暖色调变化。

艺术性渲染表现。在表现图中为了烘托气氛，也需要一定程度的艺术渲染表现手法，增加表现图的艺术感染力。

（3）表现图常用的色彩表现方法

①色彩的统一表现

此方法常用在表现单一色彩的产品，表现时只需选择一种固有色作明度的变化即可。

②色彩对比

利用色彩的纯度对比、色相对比、明度对比等手法，可达到突出主题的效果，如背景色和产品色的对比、产品中主体与细部的对比等。概念车的表现中就通过产品中明度对比、色相对比、纯度对比表现概念车的材料质感、结构空间转折等。

③色彩的省略

省略手法主要运用在色彩虚实的对比中，对于主体内容重点描绘，次要部分可自然略过，使画面有虚有实。

④色彩的互衬

巧妙地利用色彩的相互衬托,可以达到突出主题的作用。如表现无色透明玻璃等无彩色产品,可以铺上背景色或直接在色卡纸上绘画来烘托,通过运用互衬手法可使画面创造出有色的气氛。

4. 设计材料

材料质感的表现是产品表现图中一个非常重要的组成部分。物体的形态由不同材料构成,表现产品也离不开对材料质感的描绘。不同材料的质地给人不同的感觉,如光滑、粗糙、沉重、轻盈、透明、不透明、干燥、湿润等。质感与各种材质对光线的吸收和反射有关,但物体本身的组织结构肌理也很重要。不同的材料及工艺处理手法,需要以不同的表现方法显示其质感,设计师在产品表现时要熟知材料的各种质感特征,掌握其表现技法。

材料的种类归纳起来,大致分为以下四种。

(1)透光反光材料

这类材料主要包括玻璃、透明塑料、水晶等。它们均具有反射、折射光线的特点。以透光为其主要特征,因此光影的变化异常丰富。如玻璃、玻璃杯是透明体,一般没有暗部只有反光,其反光形状根据不同的结构而定,表现时主要表达其透明感,一般用底色高光画法,借助底色或色卡纸的原色,在底色上加上明暗,点上高光即可。用笔要轻松、准确。最好以中明度色作为底色,以便亮、暗面的处理。

(2)透光而不反光材料

这类材料如录音机的喇叭罩、香水瓶的磨砂玻璃等。表现时,将这类材料的里外形象模糊画出,让它呈现半透明状态,然后再刻画表面材质。对磨砂玻璃等材料的描绘,应突出柔和、朦胧,切忌把高光和反光部分描绘得过于清晰。

(3)不透光但反光材料

这类材料在产品设计中运用较多。如金属、塑料、陶瓷、镜材以及人造材料等，其中不锈钢、镀铬金属属于强反光材料，它们由于工艺精密，质地细腻，一般表面较光滑，描绘时应黑白反差大，光影明度对比强。另外，金属制品的形状各异，在不同的环境下有不同的明暗变化。

①金属（亚光和电镀）

其特点是高光亮，明暗调子反差强，反光明显。亚光金属的调子反差弱些，有明显明暗变化，高光较亮，多用冷灰色作为金属固有色。作画时，将明暗对比适当加强，但不反射外界景物，最亮的高光可用纯白或留出白纸，最暗的明暗交界线可用纯黑。电镀后的金属完全反射外界景物，调子对比反差较强，受环境影响较大。在电镀金属中，最亮的部分和最暗的部分往往是连在一起的，其变化随物体的结构而产生变化。

②塑料

塑料属于半反光材料，不像金属那样明暗反差特别强。亚光塑料调子对比弱，没有反光笔触，高光少而且亮度低；塑胶材料与亚光塑料效果一样调子比较弱，过渡均匀；而光泽塑料则和喷漆效果一样，有一定的反光笔触，且有明显的高光，表现用色以固有色为主，辅以部分冷暖变化。

③皮革和纺织物

亚光皮革调子比较弱，只有明暗变化，不产生高光。光泽性皮革产生的高光也较弱，表现时用类似于喷漆的画法。皮革制成的产品一般都没有尖锐的转角，有一定色厚度和柔软感。因此，在表现皮革时要注意明暗的过渡。

④不透光也不反光材料

这类材料如木材等。木质的表现，主要表现出木纹的肌理。其表面不反光，高光弱。绘画时一般先平涂木彩色，再画木纹线条，可用钢笔勾木纹线，还可用色粉笔或马克笔表现。

（二）设计草图

设计草图是在设计构思阶段徒手绘制的简略产品图形。如

图 3-6 所示，其最显著的特点在于快速灵活、简单易作、记录性强。同时，由于它不要求特别精确或拘泥于细节，因而可塑性强，有利于大量的设计方案的产生和设计思路的扩展。

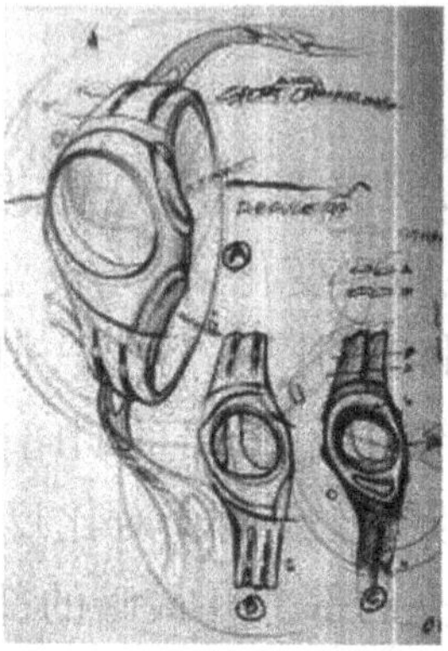

图 3-6　设计草图

在设计的最初阶段，设计师针对发现的设计问题，运用自己的经验和创造能力，寻找一切解决问题的可能性。许多新想法稍纵即逝。因此，设计师需要随时以简单概括的图形、文字记录下任何一个构思。由于设计的过程是设计师对其自身思维的一种整理和分析，是从无序到有序的思维过程，所以很多草图是杂乱的。这种草图类似于一种图解，求量不求质，因为初期的设计构思没有经过细致的分析评价，每个构思都表现产品设计的一个发展方向。孕育未来发展的可能性，有时是不现实的概念。在这个阶段设计师运用线描、素描以及淡彩的形式，尽快地提供设计草图，为进一步设计开拓空间。

1. 设计草图的作用

设计草图在整个设计过程中起着十分重要的作用。因为设计过程实质上是解决问题的过程。在这个过程中，设计师要将头脑中无序的构思和想法用图解的方式记录下来，再做进一步的整理、推敲。有时，好的想法在头脑中稍纵即逝，所以必须要求设计师有十分快速而准确的速写能力。在这一快速记录过程中，设计师还能够对其设计对象有一个全面的理解和深入推敲的机会，进而衍生出更好的设计方案(见图 3-7 和图 3-8)。

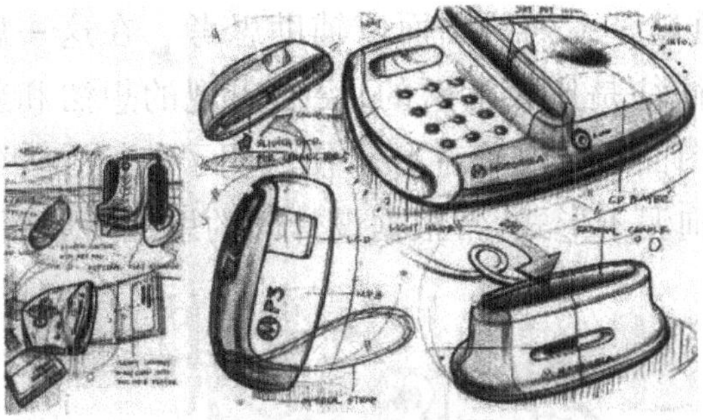

图 3-7 Carl Liu 产品创意设计草图一

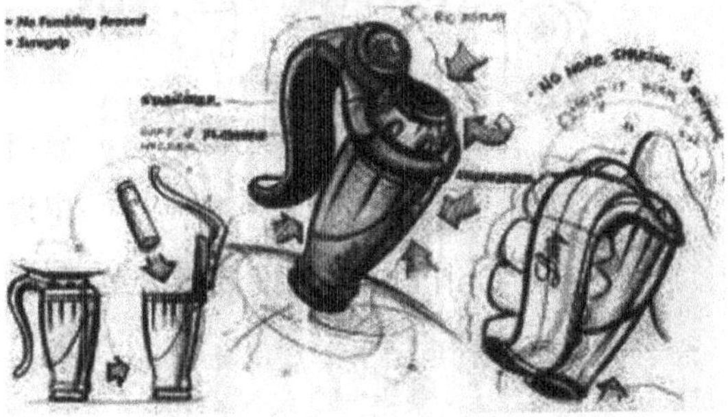

图 3-8 Carl Liu 产品创意设计草图二

2. 设计草图的种类

因为设计草图有不同的功能和作用,所以依据其不同的目的分为概念草图和分析草图。

(1)概念草图

概念草图是设计师在运用头脑风暴等方法展开方案构思时快速记录自己设计创意所常用的表达方法。因为此时灵感稍纵即逝,所以此类草图注重表现速度,多求量重于求质。常用简单的线条勾勒出轮廓、结构,以单线为主,或结合部分线面素描效果,表现出大的体面转折、凹凸等(见图 3-9)。

(2)分析草图

对初步的设计方案进行形态和结构的再推敲和再构思,这类用途的草图称为分析草图(见图 3-10)。此类草图更加偏重于思考的过程,一个形态的过渡和一个小小的结构往往都要经过一系列的构思和推敲,而且这种构思和推敲往往不仅停留在抽象的思维上,更要通过一系列的图面以辅助思考。在这一思考过程中设计师的构思往往是比较活跃的,突然出现的想法和新颖的形态都需要靠一些图面以及文字注释来使之明了化。作为细致分析的草图一般不太拘泥于形式,常根据设计师的思维发展而自由进行。

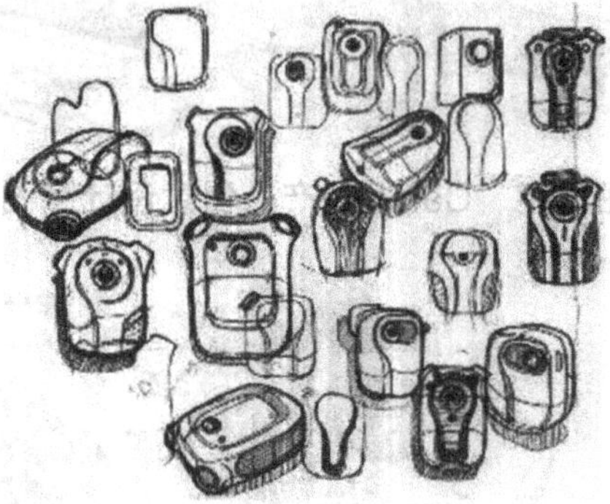

图 3-9　Carl Liu 产品设计概念草图

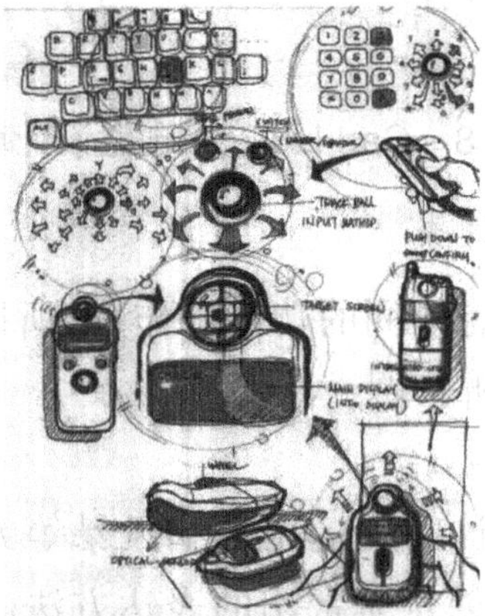

图 3-10　Carl Liu 分析草图

3. 绘制草图的材料与用具

用于绘制草图的材料种类很多,可按照设计的需要和自己的喜好选择材料。绘制草图的常用用具有钢笔、针管笔、水笔、铅笔、马克笔、水彩、透明水色等,这些工具既携带方便又非常实用。

4. 设计草图的表现形式

设计草图的表现形式有三类:线描草图、素描草图和淡彩草图。

（1）线描草图

用铅笔或钢笔等工具以单线形式为主勾画产品的内、外轮廓和结构的图形称为线描草图（见图 3-11）。线描草图是最为简练、快捷的表达方式，多以徒手画完成，较为自由。画面以单线为主，可通过利用线条的粗细、力度、虚实、轻重等变化，表现出一定的空间感和体积感。由于画面以线为主，不易表现体积感和直观性，因此，此类草图多用于记录设计师的思路，寻找设计灵感。

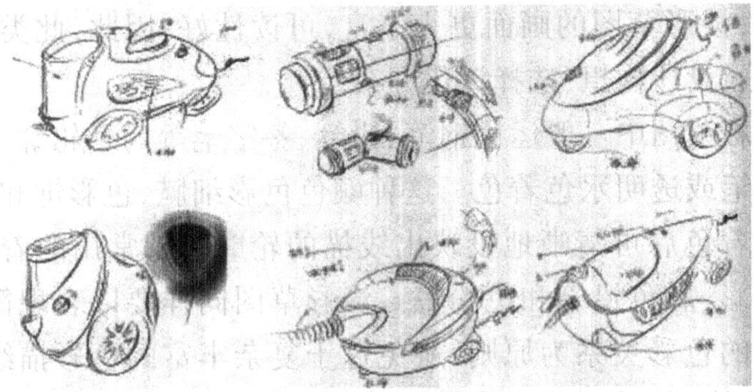

图 3-11　线描草图

（2）素描草图

在线描草图形式的基础上，加上明暗色调层次的表现，即成为素描形式的草图。与单线草图相比，素描草图具有更强的表现力，可传达出较强的体积感、质感和空间感，作画可利用的工具材料也丰富得多。物体的明暗层次多用铅笔、碳笔或钢笔通过力度变化来获得，也可用不同灰度和深浅的记号笔、淡墨或单一彩色予以表现。

在画素描设计草图时，不应过分追求或拘泥于自然光影的丰富变化和细节的刻画，要对明暗层次加以提炼、概括，表现出大的体面转折或凹凸关系即可（见图 3-12）。

图 3-12　素描草图

（3）淡彩草图

淡彩草图通常是在线描草图的基础上，施以简略而明快的淡彩来表现一定的色彩关系或配色方案的草图形式。与前两种草图相比，淡彩草图的画面更为丰富，可读性好，因此，此类草图多用于沟通设计构想、选择深化方案。

淡彩草图中一般运用钢笔、铅笔、签字笔等勾勒轮廓和结构，用马克笔或透明水色着色。这种颜色色彩细腻、色彩饱和且透明度高。着色后可清晰地投映出线描的轮廓。较常用的着色材料还有水彩、彩色铅笔和色粉等。淡彩草图同样要以表现简洁、明快和大的色彩关系为原则，避免过于复杂丰富的色彩描绘，运笔肯定、简练，色层应透明、轻巧。

（三）效果图

在对构思草图不同设计发展方向的研讨中，设计师择优确定可行性较高的方案，作重点发展，将最初的概念性的构思展开、深入，产生较为成熟的产品设计雏形。这些设计方案中，产品设计的主要信息，包括外观形态特征、内部结构、加工工艺和材料等，都可大致确定。为了让其他相关人员如技术员、销售人员等更清楚地了解设计方案，有必要将这些方案画成更为详细的表现图（效果图）。效果图的绘制应较为清晰、严谨，应提供较多的设计可能性，保持多样化，提供可选择的余地，因为此时的方案未必是最终的结果。效果图的绘制除重视质量外，还要把握绘图速度，许多设计细节一样可以省略。绘制效果图可供选择的材料、方法很多，这里仅就常用的效果图表现技法作简单的介绍。

1. 淡彩画法

淡彩画法通常是在线描草图的基础上，施以概括的色彩表现产品的色彩倾向和色彩关系。其特点是将产品的形态和色彩快速地表现出来，简洁、明快，富有表现力。所用的工具和材料有铅笔、钢笔、马克笔、彩色铅笔、透明水色、水彩、色粉等。绘制淡彩效果图因采用的材料和工具不同，步骤略有不同。

2. 底色画法

采用现成色纸或在自行涂刷颜色的纸上，利用底色作为要表现的产品的某个面(亮面或次亮面)的色彩，以大面积的底色为基调色进行描绘，简化了描绘程序，画面简洁、协调，富有表现力，有事半功倍之效，是设计领域常用的表现技法之一。在实际表现中主要选用产品的色彩或明暗关系中的中间色作为底色基调，加重暗部，提高亮部进行表现。

3. 高光画法

高光画法是在底色画法的基础上发展起来的一种画法，指在黑色或深色色纸上，描绘产品主体轮廓和转折处的高光和反光来表现产品的造型。其特点和手法与底色画法相似，但更着力于表现形态的明暗转折关系，忽略或高度概括产品色彩的表现，明暗层次更提炼、概括。主要运用白色、浅色铅笔、高光笔和色粉描绘。

马克笔和色粉是设计表现图常用的工具，可以实现无水作图。马克笔的优点是干净、透明、简洁、明快，使用方便；缺点是表现细部微妙变化与过渡自然方面略显不足。色粉表现的优点是表现细腻、过渡自然，适于表现较大面积的过渡；缺点是明度和纯度低，缺乏艳度。因此表现图中常将二者结合使用，优势互补。

4. 水粉画法

水粉颜色色泽鲜艳、浑厚、不透明，覆盖力强，较易于掌握，是设计师常用的表现手法。水粉画法表现力很强，能将产品的造型特征精致而准确地表现出来，但费时较长，故常用于描绘较精细的效果图。

5. 视图画法

视图画法是在机械制图原理的基础上，直接借助于平面投影图进行明暗和色彩的表现。其特点是表现产品比例准确、直观、严谨、精细，作画步骤与别的画法相同，但颜色不宜过厚，要保持通透感。

6. 综合画法

“法无定法”，在设计表现图绘制中各种画法的最终目的是将设计构思更好地表现出来，至于采用什么画法并不重要。为了更好地表现物体，综合采用多种画法进行绘制，采用的工具和材料也多种多样。综合画法不拘泥于具体的步骤和技法，仅以精细表现产品为前提。

（四）计算机辅助造型

有人认为计算机辅助造型只是辅助表达的技法，认为产品设计的表达方法是草图、效果图、模型三类。这种看法显然轻视了当今环境下计算机辅助设计的重要作用。设计者的理念产生之后，借助草图、手绘表现图推敲、表现、传达其设计理念。但往往由于各种局限导致产生概念传达得不完整或细节推敲得不精确，展示效果渲染性过强，真实性偏弱等缺点，此时就需要借助计算机辅助设计。设计师往往利用计算机辅助设计软件建立产品的三维模型来推敲产品的细节、尺寸、材质因素；绘制产品展示图，增强其说明性，传达设计师的意图和理念；将三维尺寸或模型传达给工程部门，以便后期加工制造等。因此，计算机辅助设计不再只是设计表达中的一个技法，而是整个产品设计中必不可少、举足轻重的环节。

随着现代计算机技术的发展与普及，许多精细效果图、产品的结构分析图、尺寸图等都可运用适当的计算机软件绘制而成。计算机辅助设计的主要优点如下。

运用计算机生成产品三维模型，忠实、准确地描绘产品的全貌，包括形状、色彩、材质、表面处理和结构关系等。

绘制精细效果图，为设计产品开发的所有部门，诸如设计审核、模具制造、生产加工等提供完整的技术依据。

由于计算机辅助造型具有快捷、可复制、便于传播、参数建模，方便修改、便于沟通、可与快速原型机相连快速转换为实体模型等优点，更能适应社会工业生产、商业的需要。

计算机辅助设计表现软件从其表现形式上基本可分为二维软件和三维软件两类。

1. 二维辅助设计软件

常见的二维辅助设计软件有 Photoshop、CorelDraw、Illustrator、AutoCAD 等。在产品设计的表现中，常运用二维辅助软件来表现产品的主要视图、色彩、细节、展示效果等（见图 3-13 和图 3-14）。

图 3-13　二维视图表现

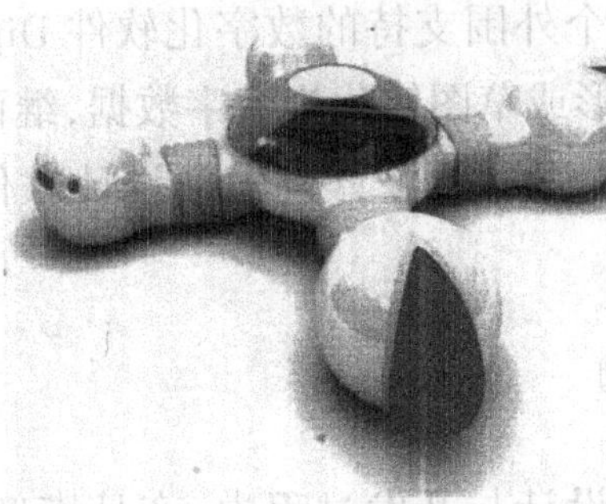

图 3-14　概念车三维建模及渲染表现

2. 三维辅助设计软件

常见的三维辅助设计软件有 3DS Max、Rhinoceros、Alias 等。

用三维软件制作出的效果图真实感和灵活性是其他表现手法无法比拟的。

（1）3DS Max

3DS Max 是 Discreet 公司推出的一款功能强大的三维软件。建模功能强大，支持多款建模与渲染插件，是目前市场上最流行的三维造型和动画制作软件之一。

（2）Rhinoceros

Rhinoceros（犀牛）是美国 Robert Mcneel & Assoc 开发的专业 NURBS 工业产品建模软件，广泛地应用于三维动画制作、工业制造、科学研究及机械设计等领域，使用它可以制作出精细、复杂的 3D 模型。它提供了丰富的 NURBS 命令，使建模更加轻松和准确，而且它对系统的要求较低，在一般的 PC 机上都可以很顺畅地运行，而且价格很低。虽然它建模功能强大，在渲染方面却不尽如人意。虽然内置了 Flamingo 渲染器，但其渲染效果仍无法与 3DS Max、Alias 等相比。因此，目前越来越多的设计师开始使用 Rhino、3DS Max 等者配合进行建模和渲染。

（3）Alias

在工业设计建模领域最权威的软件是 Alias，其全名是 Alias Wavefront Studiotools，它是职业设计师的首选。它既可以用来制作设计草图和平面效果图，也可以用来制作完整 NURBS。在这个软件中提供了一个外围支持的数字化软件 Digitizing，它可轻易地将已有的二维图形或草图转化为数字数据，继而创建三维图形。

另外，工业设计运用的计算机辅助设计软件还有很多，在此不一一赘述。

（五）设计模型

在现代产品的设计与开发过程中，产品模型的制作起着举足轻重的作用。设计师通过模型将设计构想以形体、色彩、尺寸、材质进行具象化的整合，不断地表达着设计师对设计创意的体验。产品模型的制作为进一步调整、修改和完善设计方案、检验设计方案的合理性提供有效的实物参照，也为制作产品样机和产品准备投入试生产提供充分的、行之有效的实物依据。

1.模型制作的意义

模型制作在工业设计中既是一种设计表达方式，又是设计过程中不可缺少的分析、评价、评估手段，甚至某些工艺环节只有通过模型制作才能确定设计者的设计构思变为产品的可能性。设计师通过模型制作将设计理论应用于设计实践中，把自然科学技术、社会科学、视觉艺术、美学和人机工程学等方面的知识综合运用到产品设计中，使图纸上美好的新产品设计构思变成现实。对于一名产品设计师，快速、精细、恰到好处的模型制作能力的培养，不仅仅是为了提高动手制作能力，更为重要的是提高动脑创造能力和对设计形态、结构、功能的分析能力。

在设计过程中，模型制作的具体意义如下。

说明性。以三维实体来表现设计者的设计意图与形态，使产品的基本形态得以展现，是模型的基本功能。

启发性。在模型制作过程中以真实的形态、尺寸和比例来达到推敲设计和启发新构想的目的，成为设计人员不断改进设计的有力依据。

可触性。真实实体更便于设计师对于立体的把握、人机性能的检测、质感的体会和细节的推敲。

表现性。具体的、三维的、实体的、翔实的尺寸和比例。

真实的色彩和材质。从视觉、触觉上给观者真实的感受，从而更好地沟通设计师与消费者彼此之间对设计方案的理解。

2.产品模型的种类

设计师根据不同的设计需要采取不同的模型和制作方式来体现设计构思。模型根据产品设计过程的不同阶段和用途可分为以下三大类。

(1)研讨性模型

研讨性模型又称草模型。设计师在设计的初期阶段，根据设计的构思，对产品各部分的形态、大小比例进行初步的塑造，作为方案构思进行比较，对形态分析、探讨各部分基本造型有无缺点的实物参照。为进一步展开设计构思、刻画细节打下基础，主要采用概括的手法来表现产品造型风格、形态特点、大致的布局安排等，只具有粗略的大致形态、大概的长宽高度和大概的凹凸关系。研讨性模型多采用易加工的材料制作，如黏土、油泥、石膏、发泡塑料、纸材等(见图 3-15)。

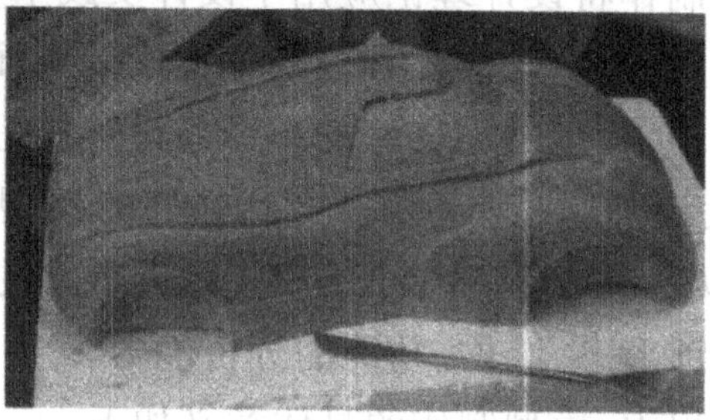

图 3-15 油泥车模草模

(2)功能性模型

主要用来表达、研究产品的形态与结构、产品的各种构造性能、力学性能以及人机关系等，同时可作为分析检验产品的依据。功能性模型要求各部分组件的尺寸与机构上的相互配合关系，都要严格按设计要求进行制作，必要时功能部件要在一定条件下做各种试验，测出必要的数据作为后续设计的依据。

(3)表现性模型

这是较高级形式的模型，主要用以表现产品最终真实形态、色彩、表面材质的主要特征。表现性模型一般采用真实的材料，严格按设计的尺寸进行制作，几乎接近实际的产品，并可作为产品展示的样机使用。表现性模型对于整体造型、外观尺寸、材质肌理、色彩、机能的提示都几乎与最终的产品设计效果图一致。表现性模型的特点是真实感强、美感强，能保持外观的完整性，注重视觉、触觉的效果，甚至可用于产品的前期宣传(见图 3-16)。

图 3-16　微波炉设计表现模型

第二节　产品设计的形态表达

一、形态的意义

形态之所以能传达意义，是因为形态本身是一个符号系统，是具有意指、表现与传达等类语言功能的综合系统。而这些类语言功能的产生，是出于人的感知力。以下便是以感知的观点来说明形态是如何传达意义的。

一是经验主义的观点。认为人之所以能感知事物，是因为人具有学习能力，人的眼睛之所以能辨别方位，是因为人们触摸物体的经验。因为人类对空间或形态上的感知本身就是学习的结果，甚至可以认为，感知是基于过去曾经有过的经验。

二是天性论的观点，是以人的先天结构和功能来解释的。天性论者认为，灰色处于纯白色的环境中时看起来比实际上要深。这是因为人的视网膜邻近区域之间交互作用的结果，而经验论者则认为这是视错觉造成的结果。再如，对色彩不变性的解释，天性论者认为，我们之所以能够准确判断同一色彩在不同照度下其实际色彩并没有发生变化，是因为我们的瞳孔会自动调节放大或缩小，从而控制光通量。经验主义者则认为，这只是经验学习的结果。

三是还有一派，取两者之精华，提出以功能的角度看感知理论，认为环境中存在许多物质，这些物质会有许多特性，诸如材质、色彩等。它们虽不会移动，但能造成认识上的改变。这一观点被人们广为接受。感知的最后阶段并不是将看到的东西拿来与记忆在人脑内的东西相比较，而是引导人类对环境的探究，即感知是一种“指引行为”。例如当你步行劳累时，所看到的任何一个平坦的石头都具有椅子的功能；倘若你需要写字时，它又可以成为桌子。这便是指引行为——感知的作用。

无论哪一种说法正确与否，人的感知能力是客观存在的。人总是会对某些形态作出相应的反应。例如，对于各种不同形状的按钮或旋钮，人都能相应地作出反应，即便是3岁的孩子，也可本能地根据旋钮的形状作出按、拨、旋等正确的动作。否则，就是旋钮的形态设计不合理，导致判断上的差错。

作为功能的载体，产品是通过形态来实现的，而对功能的诠释也是由“形”来完成的。我们研究形态的意义，绝不是要停留在“物”的层面上，仅仅用“形”的语言传达一些信息。这种传达是单向的。通常所说的造型设计就很容易地被理解成这样的概念。如果我们把视点置于“事”的层面上来处理形态，那么形态就具有交互的意义。即产品通过形态传递信息，产品使用者即受信者作出反应，在形态信息的引导下，正确使用产品。使用者能否按照信息编制者（设计者）的意图作出反应，往往取决于设计者对形态语言的运用和把握。设计者所运用的形态语言不仅仅要传达“这是什么、能做什么”等反映产品属性的信息，而且还要让别人明白“怎么做、不能怎么做，只能这样、不能那样，除了这样、还能那样”等。形态是利用人特有的感知力，通过类比、隐喻、象征等手法描述产品及与产品相关的事物。以下列举的是通常产品形态所要表现的相关事物的方法。

通过产品自身的解说力，使人可以很明确地判断出产品的属性，如尽管电视机、计算机显示器、微波炉等在形态上有很多相似点，但仍然很容易将其区分。

1. 将构成产品各部分的形态加以区分，让人轻易就能明白哪些属于看的(视觉部分),哪些属于可动的(触摸部分)；哪些部分是危险的,不可随意碰的；哪些部分是不可拆解的。可通过合理的形态设计让使用者能够辨别,或者让使用者根本无法触及。

2. 构成产品的部件、机构、操控等部分的形态要符合使用习惯。

3. 形态要明确显示产品构造和装配关系。

利用新奇的形态激发使用者的好奇心和想象力,唤起良性的游戏心理,使产品形态具有多种组合性、变换性,从而使产品更具有适应性。为了给使用者留有发挥的余地,在避免误操作的前提下,尽可能不用使用说明。

产品往往是置于一个具体的环境之中,或是在一个建筑空间里,也许是在一个自然环境中,有时也可能与其他各种产品同在一处,这些都必然与产品形态之间的关系存在着相互影响的问题。这些问题往往也包括尺度、材质等因素。

如何使产品具有魅力,形态的作用是关键,不一定凡是崭新的形态语言才会产生魅力。如果能让人从形态中读出记忆中所熟悉而喜爱的信息,同样能使人在对往事的回顾中产生亲切感。

二、形态的表现

在产品世界里,形态的意义要远大于以上探讨过的范围。产品形态不仅仅是以上所涉及的“物”的层面和“事”的层面的意义,而且还包括精神、文化层面的意义。在工业设计发展过程中,“形态”始终是中心话题。不断变化的时代背景也会给形态带来很大影响,人们以不同的目的,从各种不同的角度去思考形态的表现问题。

20 世纪 30 年代前后,是工业设计的开创期。在美国,为了使处于经济危机下的产品打开局面,大量使用了流线型的外观形态。这在当时成了速度、效率等新时代的象征。在德国,围绕着设计的观念,引发了一场设计革命。人们不仅对产量,而且对质量有着同样的需求，两者的矛盾使当时代表统一化、规格化的量产方式受到了新观念的挑战。英国也在德国的影响下，开始了规格化、合理化等现代主义设计的实践。当时的这种现代主义设计，如今也称为合理主义或功能主义，其实质就是“好的功能，就是好的形态”。

随着市场的全球化，形态表现日趋多变，对于那些能直接影响人们生活方式、激发人们行为的形态语言需要不断增加。从人们跟风时尚，进而追求“新品”的现象中不难看出，丰富形态表现的迫切性。现在产品形态设计所要追求的往往是符合时代潮流的、摈弃千人一面的形式而面向差异化的表现。

另外，新材料及信息技术的应用和发展，迫使设计者改变自身态度。

从尼龙开始，随着丙烯、聚酯、聚乙烯、聚苯乙烯、聚丙烯等新塑料的工业化生产，经过20世纪50年代以来飞速的进步，给这以后的形态设计提供了难得的契机。

塑料材料一旦通过造型语言的表现，什么样的形态变化都能实现，体现了与木质、金属等自然材料完全不同的异质特性。形态的起源往往是以不带有任何联想性质的自然素材模仿被造物。随着进行各种形状的加工技术的开发，便逐步产生了新材质的表现。塑料质感和造型性能，对20世纪80年代以后的形态表现产生了很大的影响，对所谓无起源形态语言的新产品的制造起了很大的作用，也对与电子信息产品的组合、形成新的产品形象具有关键的作用。

今日电子学技术的发展，使产品设计语言表现的空间发生了变化。形态的表现往往可以脱离内部约束进行自由发挥，复杂的机械学原理逐步被取代，从束缚的空间中解放出来。电子技术界定了现代设计所无法提示的那部分空间的语法和形态规范，使现代设计绝对化的语法和规范相对化。

从近年来的产品市场上可以看到形态表现上的变化。具体体现出的特征是：一方面，同一产品领域的形态变化急剧增加；

另一方面,形态本身也在发生很大的变化,无论哪方面,形态的种类在增加,从未想象过的各种形态也层出不穷。尤其是与家电产品及随身用品相关的产品种类越来越多。究其原因就是技术的进步,经济的发展,使产品市场越来越成熟。产品一旦进入成熟阶段,竞争的焦点自然就落在形态的变化上。物质丰富的阶段消费时代,个性化需求突显,规格化、统一化的产品模式注定不能与时代相适应,多品种、少批量的柔性生产方式由此产生。因此,也形成了形态表现的新的空间,但同时使形态表现也面临挑战;而对应挑战的手段就是放弃功能主义所惯有的几何构成的手法,尽可能抑制抽象的、客观的、几何的理性表现,代之以具象的、比喻的、隐喻的、主观的表现方法。因此,各式各样的形态表现方式都浮出水面。例如,以自然物或动能作比喻的形态,以尖端技术的隐喻表现高技术、高档化的形态,甚至以20世纪五六十年代流行过的样式特征表现怀旧的形态。此外,表现方法也不再单一,出现了新古典主义、新功能主义、自然主义、折中主义思潮影响下的各种表现手法,联想自然、引用过去、象征意义等一时间成为一种倾向。

总之,从功能性的表现转向语意性的表现,从客观到主观、从技术到理论、从理性到感性、从世界性到地域性的形态表现倾向已成为不可回避的潮流。

第四章　产品设计的功能核心与设定

功能可解释为功用、作用、效能、用途、目的等。对于一件产品来说，功能就是产品的用途、产品所担负的“职能”或所起的作用。本章就产品功能的渊源与分析、产品功能设定的作用、产品功能设定的流程解读等内容展开探讨。

第一节　产品功能的渊源与分析

一、产品功能的类别

根据产品功能的性质、用途和重要程度，可以将其分为基本功能、辅助功能、使用功能、表现功能、必要功能和多余功能等。

基本功能即主要功能，是指体现该产品的用途必不可少的功能，是产品的基本价值所在。

辅助功能是指基本功能以外附加的功能，也叫二次功能。如手机的基本功能是进行通信，但现在手机为适应消费者的需求，往往都附加了媒体播放、摄像、摄影、游戏等辅助功能。

使用功能是指提供的使用价值或实际用途，通过基本功能和辅助功能反映出来。

表现功能是对产品进行美化、起装饰作用的功能，一般通过产品的造型、色彩、材料等方面的设计来实现。

必要功能是指用户要求的产品必备功能，如钟表的计时功能，若无此功能，也就失去了价值。必要功能通常包括基本功能和辅助功能，但辅助功能不一定都是必要功能。

多余功能是指对用户而言可有可无、不甚需要的功能，包括过剩的多余功能。之所以产生产品的多余功能，一般是由于设计师理念的错误和企业在激烈市场竞争中的错误导向而导致的。

在产品改良设计中，对功能的改良必须在与产品的市场定位和预计成本相适应的前提下，以消费者的需求作为出发点来设置产品的功能模型，定义和设计产品的功能结构。利用这种方法，可以使设计者有目的地创造子功能，然后再对这些子功能进行组合。这样，便可以使设计从开始阶段就有一个明确的设计目标，有利于确保最终完成的设计在功能的筛选上符合设计的最初要求。

二、产品功能的分析

美感是人类所特有的一种感觉。科学家们做过种种研究，主观的“美感”受不同的人、不同的民族、不同爱好影响（见图 4–1 和图 4–2）。

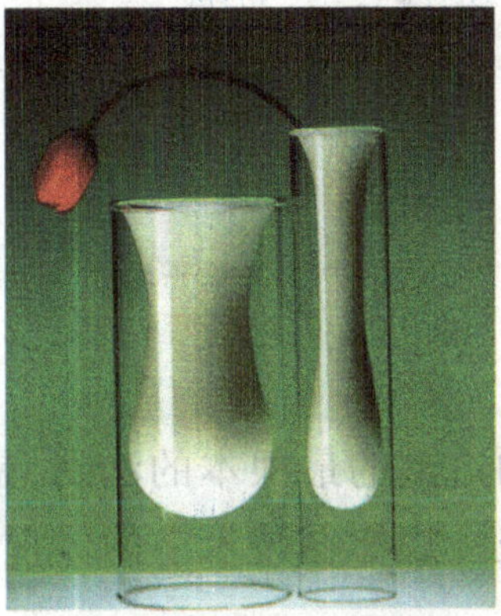

图 4–1　花瓶

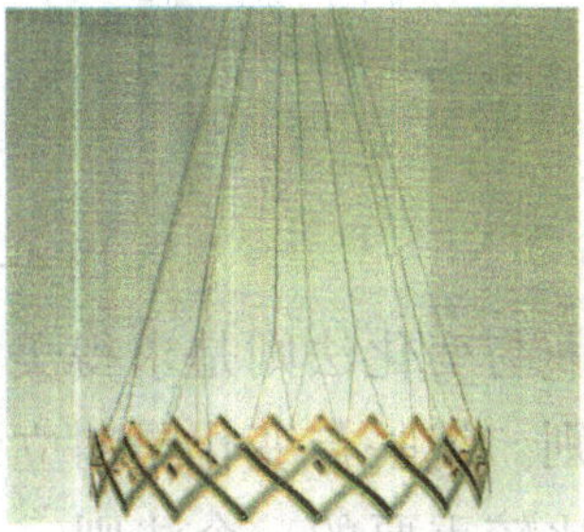

图 4–2　吊灯

例如有的民族以胖为美，有些人喜欢大红大绿，有些民族则喜欢某种残忍的美，例如把铜环套在脖子上，把脖子拉得很长（见图 4–3）。

图 4-3 非洲土著

形式美是许多美的形式的概括反映，是各种美的形式所具有的共同特征，它是一种规律，也是指导人们创造美的形式的法则；而美的形式是具有具体内容的，是某个产品实际存在的、各种形式美因素的具体组合（见图 4-4）。

图 4-4 椅子

统一与变化法则是求得美的造型的最根本的法则，是统率一切的法则。统一与变化是对立统一规律在技术上的体现，是造型设计中比较重要的一个法则。

所谓统一就是要有某种统一的风格，统一的形态，统一的色调，统一的质感。但是绝对统一也不是最好的安排。应该在统一的基础上，在某些局部安排一些变化，使之产生活泼和动感，就像“万绿丛中一点红”那样。

如一辆汽车的色调，如果车头、车身、车尾用反差很大的色彩，将使人不堪入目。统一的色彩是大多数人欢迎的，但是车灯、保险杠、进风栅、车窗、车门和车门把手等的安排，也已经足够造成一些活跃的变化，使人有统一中的变化美感(见图 4-5)。

图 4-5　法拉利跑车

在任何作品中，强调突出某一事物本身的特性称为变化，而集中它们的共性使之更加突出即为统一。若从最浅显的角度去理解，统一的作用是使形体有条理，趋于一致，有宁静或安定感。

产品的功能在造型中属于主导体味，对产品形象起着决定性的作用。现代工业品复杂多变，品种繁多，在基本形式上都是功能决定形象、内容决定形式。如家用电器设计为了给使用者亲和的感觉，让大家乐意去使用，它们的形态很多都以曲线、圆弧造型为主，使用明度较亮的色彩。反之兵器是战争工具，为了体现其强力、战争的冷酷和隐蔽性，很多武器都以直线、尖角为造型的主调，用草绿色、灰色等颜色起到"隐身"作用(见图 4-6 和图 4-7)。

图 4-6　家用电器

图 4-7　键盘

汽车车身覆盖件就是一个典型的例子。DVD视盘机如果没有罩壳，将会很难看。很多产品的造型设计，罩壳占了很大的比例。

在造型设计中，在某些部位用形体或色彩造成一种对比，也会产生一种明显的活泼感。过分夸大的对比，则可能得到不协调的效果，例如把一台电冰箱做成上黑下白两种颜色，显然不会很美。但是，如果在冰箱门把手或商标上做成有明暗对比的效果，也许会产生一种活泼的感觉。总之，总体的协调是基本的，在这个基础上局部的对比才会产生明显的美学效果（见图4-8）。

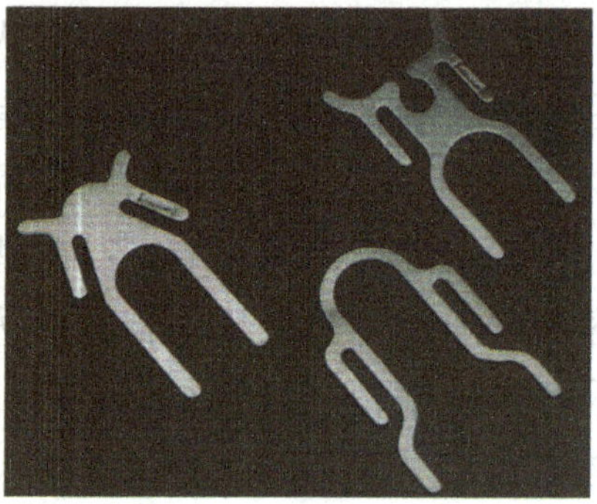

图4-8 图腾书签

对比与调和的法则，是造型设计中最常用的一种手法。它们是在同质的造型要素（色彩与色彩、线型与线型、材质与材质等）间讨论共性或差异性（见图4-9）。

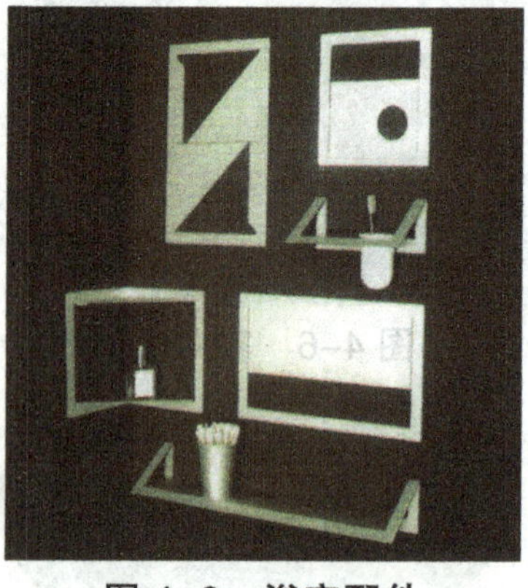

图4-9 浴室配件

所谓尺度是以人体尺寸作为度量标准的，对产品形体进行相应的"衡量"，以及其大小与周围环境特点相适应的程度（见图4-10）。

图 4-10 闹钟

产品造型的均衡形式，主要是指产品由各种造型要素构成的量感，指左、右或前、后平衡，而且要使人得到均衡的感觉，是通过支点表达出来的秩序和平衡（见图 4-11）。

图 4-11 插伞用具

对称的语源是希腊语的"symmetry"，意思是"彼此测量"。在造型秩序中，最古老、最普通的内容之一就是左右对称（见图4-12）。

自然界有许多现象都表现节奏和韵律。例如，老虎和斑马身上的斑纹是一种生物韵律，马路上的斑马线则是一种人造的节奏。

简单地区分节奏和韵律，可以这样说，均匀地分布可以叫节奏，有规律变化的分布，则叫作韵律（见图 4-13）。

图 4-12　对称造型

图 4-13　弹性斜倚

从严格意义上讲，稳定是指上、下体积和重量的分配关系，即尽量使下大上小、下重上轻，给人一种重心稳定的感觉（见图 4-14）。

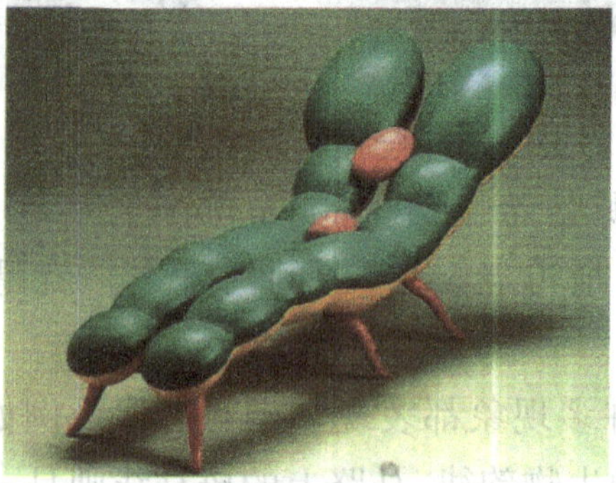

图 4-14　仿生椅

第二节　产品功能设定的作用

一、有利于明确设计要求

功能定义实质上抽象表达出需求的设计本质和核心，明确设计需求，有利于设计师找出实现设计需求的功能方式。

惯常地理解，“设计”是“人造物”，我们常说的设计品、工业制成品都在此类，但它有时更多的是“思维过程”。而承认“设计”作为过程时，其自然将变为与“理想”相当的抽象概念，即近似于“策划”和“意匠”的一种由表及里的逻辑境界。一般认为，“设计”只有在语义抽象时才与相关理念发生关系。而“理念”的出现就是“理想”的前提，以至于“理念”近似于理想——“理念意味着一个理性概念，而理想则意味着一个单一存在物，作为符合某个理念的存在物的表象”。“理想的理念”，则可能成为我们将要谈的“设计理念”的最抽象状态。这句话的成立，必须强调“设计”的抽象性：理念经过抽象的设计，可能成为我们的理想，而“设计”第一次与“理想”建立联系必须经过对“理念”的深加工。强调“理念”能使我们明确“理想”之前的物质化状态，看到只有理念的存在承载了理想。据研究者分析，“理想”希腊文原意为“表现”“观念”，“表现”是“观念”物化的前提与进程，相应地，“设计”的价值同时也必将体现在物化的能力上。不论抽象抑或具体，“设计”的目标是企图将“理念”通过“表现”物化，“物化”的完美与否则决定了“理想”的实现可能。

也可以这么讲，“设计艺术”理想的本意就是通过艺术化的造物过程将理念植根于将来的物。所以，我们说，“设计理想”的合法地位就直接蕴含在创造萌动的一瞬间，“设计”是造物本身无法摆脱的潜在因子。我们先不纠缠于“设计”到底是艺术，是思维，还是别的什么可被划分的认识论载体形式，只强调“设计”

的终极是造物，是通过由物而来，并走向未来的物的创造性理念。那么，物之诞生的第一步正是"理想"产生的第一步，是造物成就了设计理想。

换言之，只有人的存在，"物"的"设计"才能显现，而只有各种"社会"类型的出现，"设计"的抽象意义才能表达。原始彩陶是以原始人的存在为前提的，但创设陶罐及其涂绘"理念"则只能历史性地从"原始社会"这一抽象的"集合名词"中首先衍生出来，它是在稳定社会制度下的一种好的、合规范的、合逻辑的"设计"物化行为，我们暂时将其称为设计的"原始合目的性"。

所以，原始陶罐存在的事实不可能超越原始社会本身，唯物而论，原始陶罐是属于原始"设计物"的"理念"，或者是其"理想"的载体。相反，现代的"设计"无法出现于原始社会，因为那样它就不合逻辑，或曰基本"不合法"。我们回望设计史，便会发现任何造物都无法摆脱"理念"的作用，是每一次理念的爆发导致了新设计品的出现。

目前号称前卫的设计史速成读本已明确将轮子、青铜刀具等悉数归为最早的"设计物"系统。这里有没有"理念"？当然有！轮子的意义是使所有的东西转动、运行起来，刀具的作用是为了砍削、精致化地处理物品，为了这"原始合目的性"而造物，也就关联到了抽象的"原始设计"，并理所当然地在"大设计"概念下成为"设计品"。原始理念转化成包罗万象的原始造物及其"目的"，"设计物"变得为数众多，这也反衬出相应的大量活跃的创造理念。所以，关于轮子的理念从一开始就是关于物如同运动的"理想"。

二、有利于功能分析

产品设计中的功能分析就是将产品及各个组成部分抽象成功能，进行功能定义有利于界定功能单元之间的内在联系。

不仅如此，"设计"往往更是一项"可被使用的艺术"。好的设计绝非那种复杂繁缛的、必须在一大堆说明书指导下使用的物件,而是那些让使用者很快上手、轻松操作而合用的。原始社会的彩陶、商周的青铜器、汉代的宫灯、唐代的香球以及元明清的青花瓷器等,无不是利于使用的优秀设计典范。

当然,很多时候,这种“使用艺术”也充满了“矛盾”。它那令人颇感“诡谲”的独特风貌,却往往源于某种程度上无法甩脱使用者之评断而简单、自为地存续的特性:其“正向”是参照用户群的意图以调整、进步。再以瓷器为例,入元后,尽管已有青瓷、白瓷、黑瓷以及色釉瓷等品类,但尚白好蓝的蒙古人还是集中精力大量烧造出更博统治集团喜好同时引领瓷器又一个新高峰的青花瓷。而现代社会,面对激烈的市场竞争和愈加挑剔的消费者口味,“正向”式设计早已成为一个企业能否继续存活下去的标准。微软、谷歌、三星等知名跨国企业之所以能长时间处于行业领先、大范围占有市场份额,很重要的一个原因便是重视用户的使用、体验,并不断调整,以使产品更加合用。

相反,“逆向”却可能变化为刻意迎合、讨好,甚至与用户共谋那类虚伪的欲望满足和无意义的损耗。可悲的是,我们的社会也从不缺少这种献媚邀宠。古代有以微雕、米粒刻字为代表的奇技淫巧,现今更有极尽钻营之能事的畸态的情欲设计、艳俗艺术和所谓的“眼球经济”。于是,“设计”更常被认为是一种地地道道的“买卖”,在商品经济持续狂飙突起的当下,牵动着不少内心孱弱者“活泛”的神经,于不知名的角落,摩拳擦掌、蠢蠢欲动。

第三节　产品功能设定的流程解读

一、产品功能改良设计

（一）产品功能改良设计概述

产品改良设计又称为综合性设计,是指对现有的已知程序进行改造或增加较为重要的子系统。换句话说，产品整体概念的任何一个方面的改变都可以视为产品改良，产品改良设计是针对已有产品的功能、结构、材料以及造型、色彩等方面进行重新设计。

改良设计是设计工作中最为常见的活动。在物质产品极大丰富的今天，人们对于产品的选择不仅考虑它的使用价值，更考虑的是产品被人赋予的符号价值。符号价值表达了产品的拥有者的社会地位、生活方式、审美情趣。也就是说，人们通过对物品的选择、使用，来向外界“表达”自己是谁、自己的存在状态以及自己与别人的不同之处。在这样的社会背景下，设计师就要通过对原有产品的改良设计，来适应消费者当前的生活方式和风格潮流，从而确保产品具有鲜明的时代特征，这是改良设计占据设计主导地位的最主要原因。如苹果公司的 iPod 音乐播放器的设计，就是对以往产品进行成功改良的典型案例。

改良设计是基于对现有产品的考察认识，以人的潜在需求为指引，客观全面地分析产品，以求发现现有产品设计上的缺陷，并对产品进行优化、充实和改进的再开发设计。改良过程中强调产品适应人这一现代设计观念，改良后的产品更加注重产品与人的协调关系。

虽然在产品设计的过程中，设计者对设计方案做了大量的探讨研究，尽力避免可能预见的缺陷，但受当时的技术条件或者设计者本身能力的限制，导致最终的产品总存在或多或少的缺陷，这些缺陷很多是在消费者使用的过程中才暴露出来的。改良设计正是在发现这些缺陷的基础上进行的再开发设计，经过改良后的产品一般继承了传统产品的主要功能及物质技术条件，仅在有限的范围内做功能上的完善及外观形态上的创意，使得新产品既能更好地协调产品与人及环境的关系，又不会像全新产品一般带给消费者陌生感。因而改良设计已成为生产者提升竞争能力的主要手段。

运用改良手段设计出的产品有很多，如最初的电热水壶仅有烧水的功能，烧开后壶内水温逐渐下降直至冷却，这为希望随时喝到热水的使用者带来了不便。而通过改良设计，为水壶添加了保温功能并可以通过按键对此功能进行控制，使用者可自行选择是否进行保温。这样，通过改良，不仅完善了其功能，而且使得该款产品更加人性化，如图 4–15 所示。

图 4–15　家用水杯改良设计

图 4–16 这个像人在水中游泳的衣架就是一个典型的式样设计，它与其他衣架的区别在于造型的改进和材料的选择。

图 4–16　衣架

改良设计是指在现有的技术和设备、生产条件和产品基础上进行的设计，是对现有产品的使用情况、现有技术、材料和消费市场进行研究基础上的改进设计，使产品更适合人、社会及环境的要求，也是增强产品竞争力的有效手段。在日本，往往每隔半年就有新一轮产品上市。这些“改良”设计往往只是对前一轮产品的缺陷与不足进行不多的修改的产品，或着重于产品的外观造型及色彩的变化，以博得人们购买商品时不断求新求异的心理需求。如对手机的改良设计就比较注重外观造型的变换，随着手机的不断普及,消费者的差异化越来越明显,多层次的需求越来越强烈,对手机外观设计的要求也越来越高。他们往往对外观设计平庸或雷同的手机不屑一顾,而对外观设计特点明显并符合自己身份的手机情有独钟。

通常技术性能好、质量优良又有社会需求的产品,其功能、结构和原理基本固定,仅对其表现功能的形式、结构形态的组合方式等进行改良设计,以提高使用方式的合理程度及增加产品的附加值。对于许多传统的产品往往忽略了产品与人的协调关系,改良也可以此为基本出发点,强调产品适应人这一现代设计观念,创造出与人的生理、心理相协调的,具有合理使用方式的新产品。

总之,产品开发的核心是创新。产品开发的创新活动可分为创造(creation)和革新(innovation),两大类。尽管在产品生命周期各个过程中都存在创新活动,但创新的关键在于产品概念设计阶段。我们现在所处的时代是一个消费需求多元化和个性化的时代。就我国而言,从20世纪90年代末开始,市场格局已由卖方市场转变为买方市场,各类商品和劳务供求总态势是供大于求,消费需求趋向选择的多样化、个性化、档次化、感性化。在这样的市场背景下,生产企业面临着严峻的市场竞争,这就要求企业必须把产品开发放在首要位置,不断以多样化、个性化的创新型产品来赢得市场竞争的主动权。

1. 产品生命周期与产品改良设计的关系

产品生命周期是基于市场学的一个重要概念,它是指一个产品从进入市场到退出市场经历的市场生命循环过程,进入和退出市场标志着周期的开始和结束。人和产品从销售量和时间的增长变化来看,从开发生产到形成市场,直至衰退停产,都有一定的规律性。产品的生命周期一般分为介绍期、成长期、成熟期和衰退期四个阶段。

产品生命周期是产品的一个基本特征,与企业制定的产品开发策略以及市场营销策略有着极其密切的关系。产品改良设计是延长产品生命周期的有效方法，一般在产品成熟期进行。这是因为在产品的成熟期里，产品在市场上基本饱和，市场竞争十分激烈，各种品牌的同类产品和仿制品不断出现，这就导致企业产品销售量增长放缓甚至下降。这个时期就需要采取策略延长产品的生命周期，巩固市场占有率。

产品改良设计是成熟期的市场营销策略之一，其目的就在于发现原有产品的新用途，从而开发新的市场，努力改进产品质量、性能和品种款式，以适应消费者的不同需求，保持老顾客对品牌的忠诚，吸引新用户，提高原来用户的使用率。

2. 产品人机工学因素的改良

人机工学是研究人、机械及其工作环境之间相互作用的学科。我们知道，人类所创造的人造物是对人的生理、心理机能的延伸，而人机工学正是在对人类本身的工作方式与机械的设计问题的讨论中发展起来的。对产品的人机工学因素进行改良，就是在对用户的使用情况进行调查、分析的基础上，对原有产品中存在的不符合人机工学要求的结构、尺度、功能、操作方式进行再设计，使改良过后的产品能更符合人的尺度，并具有良好的人机界面，以满足使用者的操作习惯与使用心理。总之，产品改良设计中的人机工学因素的改良的根本目的是使改良后的产品具有良好的人机关系和适应性，使消费者在使用产品时真正处于主动地位，而不是对产品的被动适应。

方式设计以发现和改进不合理的生活方式为出发点，在人的生理及心理特质基础上，通过对人的行为方式的研究和再发现，分析产品的工作方式或人与产品发生关系的方式，创造全新产品的过程。

方式设计着力于创造更新、更合理、更美好的生活方式，以使人与产品、人与环境更和谐。在方式设计思维中，产品只是实现人的需求的中介，其意义在于怎样更好地服务于人的真正需求。进行方式设计的目的是寻找人与产品沟通的最佳方式。

图 4-17 所示的新型雨伞，不用手支撑，这种伞的设计源于对生活中打伞方式的研究，将手解放出来了。

图 4-17 新型雨伞

在我们的生活中，一些产品的出现已经改变了我们的生活方式。如电灯，它克服了光线不足对人们活动的影响，彻底改变了日出而作日落而息的传统生活方式，增加了人们安排生活内容的自主性，使人们的工作、学习等不再受时间的限制。它在改变传统生活方式的同时，也为人们带来了丰富多彩的夜间生活，从而创造了全新的夜间生活方式。用途各异的灯具如图 4-18 所示。

图 4-18 用途各异的灯具

图 4-19 所示的泡茶瓶为茶道热衷者提供了一个彻底的解决方案，杯子中间采用了一个坚固的金属过滤杯，可以使茶叶完全浸入水中，同时也可以防止茶叶的过分浸泡使茶水变苦；加长的过滤金属杯可使茶口直接到达茶壶的底部，金属杯顶部盖子采用了独一无二的向外翻转的曲线造型，在倒茶时可以自动打开，并

可防止茶水外溅；茶壶外面的T恤是纺织品材料，让你想不到的是，很简单的一个细节设计却有三重意义：首先，有利于保持茶水温度；其次，保护你的手和你家里娇贵的桌子远离烫伤；最后，强调了茶壶优美的曲线造型，生产商利用不同的织物材料制作了各种颜色的T恤，你可以根据自己的个性进行选择搭配。①

图4-19　泡茶瓶

方式设计的本质在于设计的创造性，是一种针对人的潜在需要的创新设计。它要求从人的需求和愿望开始，并对这种需求和愿望的未来发展做出科学、准确的预测。

方式设计总是将设计的重点放在研究人的行为、价值观念的演变上，研究人们生活中的种种难点，从而设计超出当前水平以适应新生活方式的崭新产品，进而造就了一系列划时代的生活模式。例如，移动电话的问世，使人们的生活方式发生了根本性的改变。无论身居何处，都可以与家人、朋友进行沟通和交流，大大扩展了生活空间，加快了生活节奏，同时也提高了生活质量。

产品方式设计通常可以从三个方面来思考：分析人们的需要，认识到一种新的需要，从而创造出一种新的产品；在合理地引导人们新生活方式的基础上追求新的时尚、新的潮流，从而创造出一种新的产品；分析新的技术、新的材料应用，从而产生创造性设计。

① 吴清，俞春萌．产品设计概论[M]．武汉：武汉大学出版社，2012.

3. 产品形态、色彩与材质的改良

人们在审视产品的过程中，产品的形态、色彩与材质等外在的视觉感受通常先于包括功能、性能和质量等内在因素作用于人的感觉器官，并会直接引起人的心理感受。因此，美国著名学者唐纳德·A·诺曼在讨论美在产品设计中的作用时就认为，“美观的物品使人的感觉更好，这种感觉反过来又使他们更具有创造性思考”，并由此得出结论“美观的物品更好用”。一般来说，产品功能方面的改良会受到技术、经济成本等方面的制约，而对产品形态、色彩和材质方面的改良而言，则制约较小，有较大的发展空间；另外，面对激烈的市场竞争，这类改良具有较强的应变力。因此，对原有的产品的形态、色彩、材质进行改良设计，是产品改良设计中的主要内容，并在实际的设计工作中占有重要位置。

（二）产品功能设定改良设计程序

产品改良设计往往具有较为明确的设计任务及产品未来的目标状态，而且在设计过程中可以获得丰富的可参考和借鉴的产品资料。产品改良设计在本质上是受市场、技术进步驱动的设计行为，是提高产品可用性、增强产品市场竞争力的重要手段之一。

产品改良设计的程序可以视为一个由“阶段—环节”构成的系统，或者一个环环相扣的交替顺承的过程。一般将产品改良设计的工作分为三个阶段，即发现问题、分析问题和解决问题。在这三个阶段中又有十个环节贯穿其中。这些环节在产品改良过程中非常重要，在每个环节的执行过程中，都会有企业、公司的管理层或设计主管对相关工作进行评估，以确保设计过程沿正确的方向进行。

以美国著名Design Edge设计公司的贝壳CD盒设计为例（见图4-20），来介绍对于传统CD盒进行改良设计的程序和步骤。该产品以其简洁实用的设计获得了2000年的IDEA铜奖。这款产品看似简单而不引人关注，但其背后设计的过程和设计思想的体现确实值得每位设计专业学生认真学习和思考。

图 4-20　贝壳 CD

鉴于改良设计过程的复杂性和设计任务的具体特点，改良设计的程序也并非是一成不变的，根据具体设计对象的复杂性及设计团队的创新能力的差异，产品改良设计的程序可以做适当的调整，这也正是"基本程序"含义的体现。

CD 盒的设计起初并不是一个独立的设计项目，即并没有生产企业直接委托 Design Edge 设计公司来进行 CD 盒的改良设计，而是由主要设计完成者之一的鲍勃·拉克斯基提出项目，他希望为人们在购选 CD 盒时提供另一种更加方便、舒适的选择，并最终说服了设计公司，同时也带来了潜在的客户名单。正像设计工作的负责人丹尼尔·塔格特所说："CD 盒这种想法的产生并不规范"，但它的确在对传统 CD 盒的改良设计程序中"修成了正果"。与其他产品的改良设计过程相同，贝壳 CD 盒的改良设计也经历了从发现问题、分析问题和解决问题的若干阶段。

1. 发现问题

发现问题是产品改良的起点；解决问题则是产品改良设计的最终目标。发现问题是指企业或设计公司对现有产品存在的设计问题进行描述与分析，然后根据问题的分析结果来指定产品改良设计任务书。

描述问题一般分为两个环节进行。首先，对设计任务进行描述。通过对设计任务的描述，来发现现有产品存在的问题是产品改良设计的重要环节之一。这包括以下工作内容：明确设计任务，确定设计目标；制订日程计划（明确时间的限制，确定阶段性目标，以保证任务按期完成）；制定设计指导原则，明确部门间分工，以免设计团队与工程部门间发生冲突。

其次，对设计问题进行描述。描述问题的常用方法有情境故事法和列举法等。情境故事法主要是通过故事叙述的方法来描述设计问题，通过对环境、使用者、产品的记录和描述，侧重揭示产品使用过程中的问题；列举法属于启发式的问题发现方法，设计师和产品用户对产品的缺点和优点进行列举，全面揭示现有产品存在的问题和不足。

对问题的描述，应注意以下几个方面：对问题的描述应做到客观、公正和全面，尽量不出现结论的语言描述。这是因为只有对设计问题客观、中肯地描述，才能使其全面反映问题的基本属性，便于设计师快速、准确地确定设计的主攻方向。描述问题中不出现解答性语言描述，防止解答性描述将一些不必要的限制传递给设计师，从而成为束缚和误导设计师设计思维展开的障碍。问题的描述应尽量具体、清晰，确保设计师能够准确把握设计的实质。问题的描述应保留一定的可供设计师未控制的设计变量，这样可以让设计师有更广阔的思考空间，有利于设计师发挥主观能动性。

随着计算机及其他视听设备的普及，CD 盒几乎成为人们日常生活中的必需品，人们经常要使用、携带它们以保护自己的 CD，人们也常会遇到各类 CD 盒设计存在的问题，因此，对 CD 盒进行改良设计有其必然的客观要求。

CD 盒改良设计的问题描述主要是对设计问题的描述，包括了 CD 盒的基本功能、实用功能以及表现功能等问题的描述。为了能够全面、客观地挖掘目前 CD 盒存在的种种使用问题，公司曾采用缺点列举法来发现和描述现有 CD 盒存在的问题，根据列举出的大量问题，按照问题所属类型及其出现的频率进行归纳。

使用缺点列举法来发现和描述 CD 盒设计问题的过程是一个典型的思维发散过程，设计师首先要对该产品十分了解，然后依靠回忆列举自己或别人在使用CD盒过程中遇到的各种问题甚至是潜在的问题。对产品问题的描述是下一阶段设计活动的基础，固然所有的问题描述因其技术复杂性及改良成本的约束，不能在一个设计概念中完全解决，但这些设计问题为下一阶段的改良设计指明了方向。

2. 分析问题

分析问题的过程建立在设计师对设计问题描述的基础上。在这一阶段，设计师应通过自己的专业知识素养和技能，对产品的需求做经济、技术、文化等方面的调研、分析和判断，确定设计中存在问题的原因，并敏锐地挖掘出具有市场前景的潜在需求，据此确定设计的定位。

针对现有改良产品进行产品调研和市场调研是实施差异化产品策略的重要方面，它能够为产品改良设计提供更加宏观的设计方向。

在通常意义上，产品及市场调研范围包括产品的历史及现状、产品总量、供需关系、适用人群、竞争者、产品技术可行性评估及发展前景等。目前，常用的产品及市场调研方法主要有问卷调查法、访谈法、观察法，其中，问卷调查法是最常用的调研方法。按所采用的调研方式不同，可以将调研分为实地调查和网络调查两种。实地调查属于传统的市场调研方法，它通过对产品的真实用户、产品的使用环境、市场状况等因素进行实地考察来获取产品及市场信息。在一般进行的实地调查中，采用最广的是“问卷”，“问卷”的合理设计关系到产品及市场信息获取的效率和可用性；网络调查是指在互联网上针对特定的问题进行的调查设计、收集资料和分析等活动，网络调查正在被更多的设计师所采用。

针对CD盒的改良设计，恰恰因为产品本身的普及性广和种类多样等因素，决定了有必要做一次较为充分的产品和市场调研。在具体调研的操作时，综合采用了网络调查和实地调查的方式。首先，设计者通过网络调查获取了同类CD盒产品及其市场信息，如大量同类产品的图片资料和基本使用信息、产品所属企业类型、产品的一般设计用户群定位及用户范畴，网络调查部分还获取了目前CD盒产品的主要生产企业及其产品的特色、背景等相关信息。以上网络调查获得的所有信息对于深入了解问题描述部分具有重要的意义，同时也能够促使设计师产生一些改良设计的初步想法和概念。

然后，针对网络调查获得的产品资料进行选择，进一步做实地调查。实地调查的目的主要是了解产品的具体使用环境与使用过程、使用体验相关的信息。调查通常在销售CD盒的商店或者实际用户使用过程进行录像，也可以结合访谈来获取实地调查的信息和数据。

3. 产品需求

需求分析是在综合理解、评价设计问题及市场调研信息基础上，最终形成明确的产品改良设计计划的复杂过程。与新产品开发不同，产品改良设计的特点在于以原有产品为基础，针对产品缺点和不足之处进行改进。需求分析是设计前期的一个阶段，对需求的分析结果往往决定产品改良设计的方向。

在实际操作中，企业面临激烈的市场竞争。设计委托方经常要求在尽可能短的设计周期内完成产品的改良设计工作。因此，产品改良设计的需求分析主要是寻找产品的缺点和不足，并对这些缺点和不足进行比较，找出最迫切需要改进的问题进行有针对性的改良和创新，这是需求分析的主要内容。

4. 设计定位

设计定位在整个设计中起着重要的指导作用，它不仅为整个设计活动指明方向，使设计师明确预期达到的目标，而且能有效防止因设计方向偏离而造成开发的重大失败。设计定位也可视为对设计开发的可行性进行论证的阶段。这一阶段的主要工作是对设计项目从经济、技术、市场需求以及政策和法规等方面进行全面的研究，在此基础上，把研究的成果转化为一套可行的设计开发的实施方案——设计任务书，以此作为下一段实施开展设计时的重要指南。因此，设计定位一旦确定，就应成为全部设计活动实施的基点，整个设计过程都不能偏离这个基点。

对设计定位的分析包括以下两个方面的内容。

（1）确定关键的产品特性

这主要体现在改良产品追求的目标，即产品的形象定位和市场卖点。它包括两类要求：一是产品改良设计必须达到的要求，如功能要求、技术要求、安全性要求等；二是期望要求，主要指产品改良所追求的目标，如产品的造型要求、色彩要求、材质要求等。只有较好地满足期望要求的设计，才可以被认为是成功的设计，因此这也是改良设计的重点。

（2）对设计定位进行表述

进行设计定位，应根据设计委托方或者市场的需求，将设计任务明确化，这就需要制定设计任务书。设计任务书是关于产品设计方案的改进性和推荐性的意见文件。在通常情况下，设计任务说明书在设计项目开始时由项目负责人起草，并分发给参与设计的人员，作为指导设计开发的规范性文件。设计任务书主要内容包括对设计任务的范畴、性质和目的的说明，规定设计师阶段性的工作，详细的设计时间表，具体的合作沟通方式及对预期问题的解决策略等。

在 CD 盒产品改良设计过程的这一阶段中，设计师需要运用收敛式的思维对众多设计问题进行比较和综合，结合对设计问题的描述和用户的需求分析，Design Edge 的设计师认为改良后的 CD 盒产品应该具有如下基本特征，这些特征就是：CD 盒改良产品设计的定位——经久耐用的功能性设计，即便在运输过程中也能很好保存 CD；简洁方便的操作，用户能够十分容易地打开或者关闭它；轻巧、纤薄，空间设计合理，尽可能小巧玲珑；减少部件，简化加工，降低生产成本；外观、色彩宜人。

CD 盒改良设计定位可以被概括描述为人性的、方便的、美丽的三个方面的产品特征，即产品改良设计要在原有产品基础上进行改良设计。

5. 解决问题

解决问题阶段是展开具体设计作业的阶段。在这一阶段，设计师在充分理解设计条件（如市场条件、企业技术条件等）和设计定位的基础上，提出有创意的设计方案。然后通过一系列可控流程、步骤，最终实现设计向现实生产的转化。

6. 投入生产

投入生产阶段的主要工作是将设计方案转化为具体的工程图纸，为批量生产提供依据。工程图纸主要是按正投影法绘制的产品主视图、俯视图、左视图等多角度视图，根据CD盒的改良产品概念制造贝壳形CD盒。

该产品改良之后的特色可以概括为以下三个方面的内容。

（1）贝壳形CD盒的改良设计具有极简派的艺术风格、卓越的保护功能、简单方便的操作。

（2）它的外形尺寸和轻微的重量使它非常方便携带和存放光碟，特别是它的微薄，使用者存放两片光碟到两个贝壳形CD盒加起来的空间只有一个光碟存放的大小。

（3）产品使用一片成型的聚丙烯塑料，既简化了生产过程，又使得产品轻巧，色彩丰富，材料柔韧，即便破损也不会形成传统CD盒尖锐的边角，使用十分安全。

7. 导入市场及跟踪反馈

新产品导入市场不意味着设计师工作终结，追踪市场对新旧产品的反应和销售变化，能让设计师验证改良设计是否成功以及是否达到预期效果。所以，设计师必须协助设计委托方（生产企业）认真地把改良方案投入实际生产，并及时发现其中存在的问题，及时加以解决。而要做到对方案导入市场中的问题进行及时解决，就需要建立对方案的跟踪反馈制度。只有这样，才能及时而准确地把方案实施中遇到的障碍和问题及时详细地记录下来，并及时反馈到设计师手中，以便研究对策，及时解决，保证方案的顺利实施。

事实上，随着改良产品不断地导入市场以及进一步的跟踪反馈，针对贝壳形 CD 盒的修改也在继续进行。

时至今日，贝壳形 CD 盒几乎在全球任何使用光盘的地方都可见到。可以说，贝壳形 CD 盒的设计已经为公司和企业获得了巨大的经济、社会效益，同时也为产品改良设计在设计程序上提供了宝贵的案例。

二、产品功能开发设计

（一）产品功能开发设计概述

1. 产品开发设计的概念

产品开发设计又称为原创设计，是指从用户需求和愿望出发，并对这种需求、愿望的未来发展趋势做出科学、准确的预测，在此基础上广泛采用新的原理、新的技术、新的材料、新的制造工艺、新的设计理念而设计开发具有新结构、新功能的全新产品的一系列产品开发设计活动。成功的产品创新设计往往具有明显的技术优势和经济优势，在设计理念、功能、技术与造型等方面取得了重大突破，在市场上具有强劲的竞争力。它的出现往往对于原有市场而言不亚于一场革命，从而推动整个产业、市场及产品的更新换代。2015 年 10 月，阿里巴巴集团和杭州映墨科技有限公司达成了合作协议。在 2015 年云栖大会上，映墨科技为阿里巴巴特别定制一款移动版 VR 眼镜，使用虚拟现实技术为参会者提供了一场阿里云千岛湖数据中心的虚拟之旅。在 AR 领域，阿里巴巴对神秘增强现实公司 Magic Leap 的 C 轮参与了高达 7.93 亿美元的投资。而且有消息称，阿里巴巴的执行副主席蔡崇信也会加入这家位于佛罗里达州达尼亚海滩的初创公司的董事会。阿里巴巴在本次 C 轮融资中的领投角色说明阿里巴巴非常看重未来将 Magic Leap 技术用于中国市场的可能性。据悉阿里巴巴通过 JP 摩根、摩根士丹利和 T.Rowe Price 基金进行这一轮融资。Magic Leap 在数轮融资后手握 10 亿美元现金，目前估值达到 37 亿美元。

2. 产品开发设计与产品概念设计、产品改良设计的异同

（1）产品创新设计与产品概念设计的异同。产品开发设计与产品概念设计是一对极易混淆的概念。虽然从创新的角度来看，产品开发设计与产品概念设计具有很多相似性，例如，它们都是面向未来的探索性尝试，都具有很强的前瞻性和创造性。但是，产品开发设计又不完全等同于概念设计，两者的最大区别在于设计的完成度和是否市场化。概念设计预示了当前和未来高科技发展的趋势，也是展示设计师敏锐的洞察力、表现力的理想舞台。虽然概念设计也明确了产品需求和具有相对具体的设计理念和技术特征，但是从概念设计到真正投入生产，还有一个相当长的技术转化过程。因此，概念设计是未来产品的雏形，它并没有形成可以直接用于生产、销售、服务的最终产品。而产品开发设计则基于对消费者新的需求、科技发展的水平以及时代、社会和市场变化的新动向的研究和分析，把上述研究和分析与企业的产品开发战略相结合。产品开发的目标在于满足最终用户的需求，目的在于巩固和扩大企业在市场中的销售份额。但产品开发设计的周期较长，在开发中需要大量的资金、人力、时间的投入，且存在比较大的市场风险，一次不成功的产品开发活动可能对企业的发展造成灾难性后果。因此，必须经过充分的调研、分析，认真评估企业各方面资源和实力，按照产品开发程序进行。

（2）产品开发设计与产品改良设计的异同。就设计所达成的目标而言，开发设计与改良设计一样，都是以解决问题为导向，以推动新产品为目标的创造性企业行为。但如果从创新程度对两者进行比较，就能够明显看出二者之间存在的差别。产品开发设计作为具有原创性质的一种设计活动，是在产品的工作原理、

结构不确定的情况下,针对设计委托方及市场的需求来提出新的产品解决方案。它是一种具有跳跃性、激进性质的设计方法。而改良设计则是在不改变现有产品工作原理的基础上,对已有产品的功能、造型、结构等方面进行改进,以求适应消费者的新需求或提高产品在市场中的竞争力。因此,改良设计更具有逐步革新的意味,是一种渐进式的设计方法。

3. 产品开发设计的特征

产品开发设计的基本特征表现为创新性、层次性和复杂性三个方面。

(1)创新性

创新是产品设计的灵魂,只有创新才能得到结构合理、功能新颖、性价比突出、有市场竞争力的产品。如前所述,产品开发设计作为一种具有原创性质的设计,其创新程度远大于一般的产品改良。因此创新性是产品开发设计的主要特征之一。

(2)层次性

产品开发设计过程中的创新活动并不限于单方面因素或者对产品局部的创新。在现代高新科技的支持下,一件新产品的问世往往是多方面、多领域学科相关技术与理念共同推动的结果。例如,苹果公司推出的 iPhone 移动电话,在它那小小的机身中就包含了超过 200 项的专利技术,同时还包含了许多新的理念。因此,产品创新设计的创新是具有层次性的,可以在产品设计过程的多个阶段、多个层次进行。产品的创新具体体现在以下四个方面。

一是设计理念的创新。设计理念是指设计的主导思想,产品开发首先要关注设计理念的创新。人类寻求解决问题的方法多种多样,不同的设计理念就是不同的方法。例如,传统的手机在解决图像浏览问题时,一般通过操作按键或者触笔来实现,这与人们现实中浏览习惯是不同的。现在,苹果最新的 iPhone 手机浏览图片的模式完全按照现实中人们浏览图片的习惯设计。使用者不仅可以通过从右向左的触摸动作来翻阅下一张图片,而且还可以在不必单击任何按钮的情况下，只通过直接将手机旋转90° 来从正确的方向观看。在切换到不同的照片或当照片随着手机的转动而在屏幕上旋转时，动画响应技术的运用可以让使用者感觉同观看真实的照片一样自然。

这一切如同《经济学人》杂志评价的那样，苹果公司的设计创新的理念之一就是“苹果充分了解到新产品设计不应只考虑设计本身的要求，而应围绕用户的需求来进行”。

二是功能层次的创新。在产品开发设计中，功能设计是其中一项重要内容。在产品开发设计的起初阶段，功能设计是将对市场需求、用户需求的分析结果抽象为功能目标，即对新产品的功能进行定义，然后，通过功能结构（功能系统）描述产品功能的分解与综合，选用不同的功能元，采用不同的功能分解形式和综合方式，形成不同的功能结构，实现产品的功能创新。

三是原理层次的创新。当产品的功能结构（功能系统）确定后，就需要设计出实现产品功能要求的原理方案。原理设计主要针对功能系统中的功能元提出原理性构思，探索实现功能的物理效应和功能原理。实现产品功能的原理可以有多种方式，例如，实现空调的制冷功能可以通过压缩式制冷、吸收式制冷或半导体制冷等制冷原理来实现；再如，实现手机折叠及重叠功能，可以通过翻盖、滑盖、旋转等原理来实现。

四是结构层次的创新。产品开发设计中结构层次的创新是指从实现原理方案的功能载体的结构特征出发，在产品形态设计阶段，通过对设计方案的各种功能载体的结构特征进行创新设计，从而改变功能载体之间的功能组合，实现结构创新或改变产品的功能载体的形状特征、尺寸大小以及改变产品的功能载体之间的相对位置，这些都属于产品结构层次的创新。

（3）复杂性

与产品改良设计之前就有明确的、可供参照的产品不同，产品开发设计在其设计之初所能获取的信息往往不够充分，也不确定。这就需要设计师认真对新产品的概念进行构思。开发设计的构思阶段是一个去粗存精、由模糊到清晰、由抽象到具体的不断发展的过程。这个阶段的工作自由度大,对设计师的约束也相对较少,但不确定因素多,它是设计师发挥个人创造力、想象力,以求在创意上有所突破的阶段,如果设计方向发生原则性失误,将给整个研发过程带来严重后果。另外,产品创新设计中会涉及许多因素,设计过程中任何一个因素的改变,都会导致设计结果的变化,从而表现出设计结果的多样性。例如,对于具体产品的功能定义、功能分解和实现原理的不同认识和方案组合,就会产生完全不同的设计思路和设计方法,这就造成了最终实现的产品在结构、功能及形态上呈现出与预想完全不同的结果。所以,在实际的设计流程中,通常要经过多次循环往复的反馈过程,以求得到令各方都满意的设计结果,这就使得产品创新设计在设计过程中表现出复杂性。

(二)产品功能开发设计程序

产品创新设计作为产品开发过程中的一项重要工作,是对包括从最初的产品概念构想到对市场的定位分析、构思创新方案技术实现、研发计划以及确保上述内容有效完成的设计管理活动等一系列环节和内容的整合。由于具体产品创新设计存在诸多不确定因素,如不同的设计项目的程序存在差异性,在设计开发过程中新的设计方法、新的技术的导入以及设计目标的变更等情况,这不仅使得产品开发程序在应用中呈现出多样性、复杂性,而且也导致直到今天,在设计界内部也没有在产品开发设计程序的问题上形成一致意见。

对于产品开发设计程序的研究不能脱离对产品创新机制的探讨。产品创新机制有以下五种类型。

(1)技术推动型产品开发。是将科学或技术发现作为创新的主要来源,在新技术的指导下开发新产品,以满足市场需求。

(2)需求拉动型产品开发。根据市场需求来构思新产品,经过新产品的研发、设计和生产,最终投放于市场。

（3）技术与市场交互作用型产品开发。强调技术与市场共同形成产品创新的内在驱动力，认为技术与市场在产品开发的不同阶段表现出的作用也不相同，纯粹的技术推动或者纯粹的需求拉动型产品创新只是产品创新过程中的特殊现象。

（4）系统一体化型产品开发。即产品的开发过程不是从一个环节到另一个环节的线性发展过程，而是同时涉及一系列相互平行或连续的设计过程与步骤组合而成的。在产品开发的任何阶段，都有创新构思的产生、研究开发、设计制造、市场营销等活动并行存在。该类型的产品开发强调技术研发部门、设计开发部门、生产企业与最终用户之间的沟通与联系。

（5）网络系统一体化型产品开发。强调在当今产品设计日趋国际化，产品的研发周期、生命周期日益缩短的情况下，应充分利用信息网络技术来加快产品开发的进程。

通过对以上五种类型的产品开发的动力机制的介绍，我们不难看出，产品开发的过程不论在表述方式上存在多么大的差异，都有一个共同的特征：它们都是以设计需求为输入、以最佳的设计方案为输出的工作流程。

因此，可以将产品开发设计程序划分为以下三个阶段：概念阶段、设计阶段、实现阶段。

下面先介绍概念阶段。

1. 发现问题——了解企业的问题与机会

发现问题是创新的开始，创造过程始于对合适问题的发现，终于问题的合理解决。产品开发设计中的发现问题就是寻找、分析产品开发缺口，发现市场潜在需要的过程。作为设计师，自觉、主动地培养和训练自我的问题意识，对于个人设计能力的提高极为重要。发现问题首先需要知道问题的来源及其显示出的信息。问题无处不在，既存在于人们的日常生活中，也存在于学习、生产、科研等社会活动中。当我们在上述活动中发现有不方便、不好用、不舒适等感觉时，这就是问题显示出来的信号。在产品设计中，应考虑的问题主要有生产问题、销售问题、用户使用问题和产品回收问题。

在设计的学习和实践中，可供我们使用的发现问题的方法有许多，如缺点列举法、希望列举法、头脑风暴法等，但从广义上来讲，这些方法可分为两种类型：直觉式和逻辑式。下面我们就分别利用这两种方法来发现问题。

（1）利用直觉式的创意方法来发现问题

直觉式创意方法是在个人或群体产生概念的基础上，采用跳跃性的思考方法，目的在于从思维上突破常规限制条件，重新构建产品各要素的关系。我们在利用直觉式创意方法来发现问题时，可以借助“概念产生源”来帮助我们多方位、多角度地审视问题，从而使我们提出的问题更加具有针对性和目的性。

利用概念产生源来发现问题时，首先列出若干关键词，然后就这些关键词进行提问。当既定的关键词不足以满足概念产生的要求时，可以再给出新的关键词，然后对新的关键词继续进行思考，直至得到一个令人满意的创新概念为止。利用概念产生源来辅助提出问题。

（2）利用逻辑式的创意方法来发现问题

逻辑式创意方法与直觉式创意方法有很大的不同，它要求通过系统的、逻辑推理的过程逐步探求问题的存在和解决问题的方法。这类方法强调在总体指导思想的指引下将技术资料分析与专家意见相结合，解决产品技术方面的问题。利用逻辑式创意方法来发现问题可以分以下两个步骤进行。

一是确定有价值的问题。有价值问题的分析判断是个人知觉价值的分析判断方法。通过对问题的分析了解，并依据该问题的价值系数和解决该问题需要的知识能力系数，判断解决该问题是否为有价值问题。

二是确定有价值的真正问题。有价值问题是个人价值和知识能力的判断结果，而有价值的真正问题是社会综合的评判结果。对于有价值的真正问题的确定，需要对其新颖性、独特性和合理性进行理性分析和判断。独特性是价值系数与新颖性系数的相对关系,合理性是可行性系数与科学性系数的相对关系。

2. 分析问题、发展策略予以解决

(1)分析问题的内容

对设计问题的分析一般包括以下工作。

功能需求分析包括主要功能和附加功能的分析。

造型分析包括对现有产品形态、色彩、材质等方面的分析。

操作方面的分析包括操作流程分析、人机工程学分析、使用环境分析以及动作需求分析等。

技术方面分析包括技能分析、零部件分析、材料分析、结构分析以及造型方法分析等。

市场分析包括竞争产品分析、销售产品分析、销售对象分析以及用户意见调查分析等。

法规分析包括对专利法、版权法、商标法、反不正当竞争法、广告法、技术合同法、工程建设法、建筑法等法律法规的分析。

(2)解决问题的策略

对于设计问题的分析可以采用多种工具和手段,把设计师创造的思路引向特定方向,以帮助他们进行设计构思。下面是一些相关的策略。

①类比法

类比法是由美国创造学家威廉·J. 戈登提出的。戈登认为,那些具有创造才能的人在创造活动中取得成功的很重要的因素是将一些看上去毫无联系的事物加以类比。类比法是从已知推向未知的一种创造技法。它有两个基本原则,即异质通化(运用熟悉的方法整合已有的知识,提出新设想)和同质异化(运用新方法“处理”熟悉的知识,从而提出新的设想)。

在设计中,有经验的设计师会经常问自己,是否存在其他事物同样可以解决与设计相关的问题。他们也会关注解决当前设计问题是否存在一些自然或生物上的相似性。例如,德国著名设计师卢吉·克拉尼就认为，在进行飞行器设计时，应当借鉴鲨鱼和蝠鲼等“海洋居民”那种可以减小水流动阻力的流线型体型。

②属性分类表法

属性分类表法是通过抓住一个产品或一个事物的基本元素的属性，从而引导解决问题的思路。利用属性分类表来解决问题时，一般采取以下步骤。

利用物质、能量、信息流来建立产品主要功能或功能集的黑箱子模型。

根据黑箱子模型选择与用户及产品功能相关的分类方案。

就其中的一个功能标题，建立功能的设计方案。

利用矩阵列表对结果进行记录。

在所给定的标题进行功能实现方案穷举后，再重复该步骤，对下一标题进行穷举。

三、产品功能概念设计

（一）产品功能概念设计概述

概念设计是以用户需求为依据，在不考虑现有的生活水平、技术和材料的情况下，根据设计师的预见能力所达到的范围来考虑人们的未来，它以设计概念为主线贯穿全部设计过程。

概念设计中流露出的是设计师对未来潮流及生活方式的把握，这些概念往往成为今后潮流发展的风向标。每年的时装发布会、车展等活动中，都少不了概念产品，它们引导了人们对产品的思考，同时，消费者对它们的反应也成为设计者进行进一步设计的依据。

图 4-21 所示是一款颇具趣味的 iPhone 扩展槽的概念设计，它内置有投影仪，只要将 iPhone 插到插槽中，即可通过左右晃动 iPhone 的方式来随机浏览图片、视频和音频。由于内置有投影仪，因此图片会随着 iPhone 的摇晃随机散落在桌面上，就像是流出

来的水一样。当看到中意的多媒体文件后，只要轻轻单击一下，即可将其放大或开始播放。

图 4-21　iPhone 扩展槽

图 4-22 所示是奔驰 Biome 的概念车设计。奔驰 Biome 车型采用了非常独特的 1+2+1 的座椅布局，采用独特的 Biofibre 材料设计。Biofibre 材料是一种人工合成的新型材料，其重量远比金属轻得多，但是硬度却远超过钢材，这也是奔驰在新材料技术应用方面的拓展。

图 4-22　奔驰 Biome 概念车

（二）产品功能概念设计程序

下面以锥形储水器 Watercone（简称“水锥”）的创意设计为例，来介绍产品开发设计的程序和方法。

该设计曾获得 JDEA·JF、Good design 等多项国际设计大奖。与产品改良设计由“产品问题”驱动的程序，即围绕特定产品缺陷或用户对产品新需求相比，产品创新设计程序的驱动力不具有特定的形式。因此，从设计问题求解的角度，设计师将面对一个非常大、非常复杂的问题空间和解决空间，并且由此也决定了由问题空间到解决空间（创意空间）路线（程序）的曲折性和复杂性（见图 4-23 ~ 图 4-25）。

水锥是一个可以将盐分从水里分离出来而产生淡水的巧妙装置，构造简单，所需驱动力仅仅是阳光。水锥创意来源于设计师斯蒂芬·奥古斯丁对于饮用水资源的关注，“由于生态、经济、地理以及政治原因，全世界有 40% 的人（2.5 亿）无法得到清洁的饮用水”。世界儿童基金会也指出：“每天有 5000 名儿童因饮用不安全的水腹泻导致死亡。”

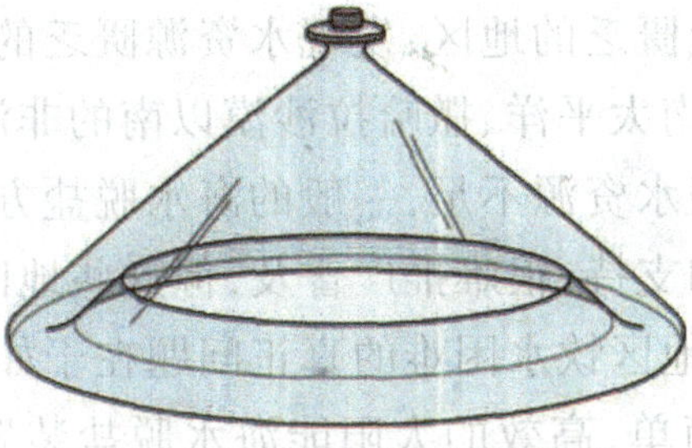

图 4-23　锥形储水器罩子

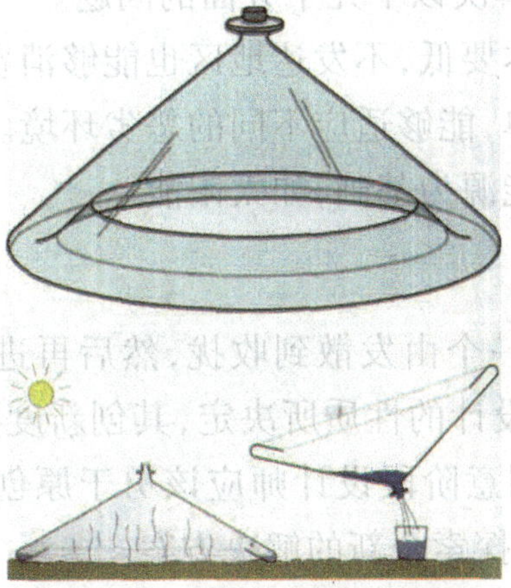

图 4-24　锥形储水器整体

图 4-25　锥形储水器的使用情景

斯蒂芬·奥古斯丁是 BMWAG 的设计师，在做了几次环球旅行，了解到目前世界水资源的总体状况之后，他特意考察目前世界水资源以及匮乏的地区，发现水资源匮乏的地区大都属经济不发达地区，如南太平洋、撒哈拉沙漠以南的非洲、中东等地。这些地区清洁的淡水资源不足，一般的海水脱盐方法复杂且需要不断的技术维护和支持，很难推广普及，但这些地区往往阳光充沛。由此，解决这些地区饮水困难的真正问题在于如何设计一种生产成本低廉并且简单、高效的太阳能海水脱盐装置。因此，可以将这个概念分解为解决以下几个方面的问题。

（1）生产成本要低，不发达地区也能够消费得起。

（2）使用简单，能够适应不同的恶劣环境。

（3）以自然能源为基础，如太阳能。

1. 方案创意

方案创意是一个由发散到收拢，然后再进一步深化的过程。这个过程由创新设计的性质所决定，其创新度要比改良设计高得多，所以在方案创意阶段设计师应该勇于原创、勇于摆脱固有思维模式的羁绊，去探索全新的解决方案。

在方案创意阶段，构思草图是除了记忆之外，大脑“存储思维片段”的一个重要形式。构思草图一般使用铅笔、钢笔、圆珠笔、马克笔等简单的绘图工具来进行绘制。尽管在以计算机为主导的信息时代里，计算机草图、计算机效果图以及摄影、视频技术等丰富了方案构思的表现手段，但草图作为设计师的工具语言，仍然是不可或缺的。这是因为，对方案的构思不能全凭思考来实现，更重要的是把思考的结果记录下来，并与他人进行交流和探讨。美国著名建筑设计师保罗·拉索就认为："视觉图像对有独创性的设计师的工作而言是个关键问题。他（设计师）必须依靠丰富的记忆来激发创作灵感，而丰富的记忆则依靠训练有素的灵敏视觉来获得。"构思草图正是担负着搜集资料和整理构思的任务，这些草图对拓展设计师的思路和积累设计经验都有着不可低估的作用。

除了构思草图外，草模也是设计中必不可少的媒介工具。草模是对方案进行快速修改和调整的前提之一，设计师可以运用草模迅速把构思转化为实际的三维存在物，从而以三维形体的实物来表达设计构思，并为与工程技术人员进行交流、研讨、评估以及进一步调整、改进及完善设计方案、检验设计方案的合理性提供有效的实物参照。

另外，设计师在这一阶段应该按照设计定位的要求，开始解决在设计初期就必须考虑的问题，这些问题包括确定产品的整体功能布局、框架结构和使用方式；初步考虑产品造型在美学与人机工程学方面的可行性；推敲材料的特性、成本和产品的生产方式。

2. 设计评估

在产品开发过程中，产品设计是基于团队决策的基础上的，如果不能在众多方案中筛选出符合设计目标的方案，那么就可能造成设计开发活动的无目的性和不确定性，从而导致大量时间和财力的浪费。因此，我们应当高度重视对设计概念的评估，并在评估时建立起一套科学、有效的设计评估机制来指导设计评估活动的进行。

(1)设计评估的标准

设计评估的目的是对设计方案中不明确的方面加以确定或者对待选方案是否达到最初的设计构想进行评价。要实现设计评估这一目的,就需要先建立起评估的标准。一般而言,设计评估标准的确定应考虑以下四个方面。

第一,技术方面。如技术上的可行性与先进性、工作性能指标、可靠性、安全性、宜人性、维护性以及实用性等。

第二,经济方面。如成本、利润、投资、投资回报期、竞争潜力、市场前景等。

第三,社会方面。如社会效益、对技术进步与生产力发展的推动、环保型资源的利用、对人们的生活方式与身心健康的影响等。

第四,审美方面。如造型、风格、形态、色彩、时代性、创造性、传达性、审美价值、心理效应等。

在设计实践中,往往会遇到这样的问题:参与产品开发的每一个成员对标准所包含的内涵可能会有不同的理解。因此,在标准设定开始时,就要在深入研讨的基础上形成关于标准的定义。要确定标准的准确定义,就要对评估标准包含的所有方面进行详细阐述和细化。例如,对于审美方面的产品色彩的定义就应当进行如下细化:色彩与功能和使用条件相吻合;色彩对比适度、协调;质地均匀、优良;色感视觉稳定,色彩区域形态的划分相一致。

(2)设计评估的方法

排队法。该方法的基本思路是当出现众多方案而无法简单判断其中最佳方案时,将方案进行两两比较,其中较好的方案打1分,较差的方案打0分。将总分求出后,总分最高者即为最佳方案,如表4-1所示,方案B最佳。

点评价法。该方法的特点是对各比较方法按方案所确定的评估标准进行逐一评估,并用符号“+”(即达到评估标准)、“-”(即未达到评价标准)、“?”(即条件不充分,需加以完善)、“!”(即重新检查设计)表示出来,根据评估的结果做出正确的选择。

排序法。排序法就是将每一个经过清晰定义的评估标准根据设计的侧重点不同而进行排序。我们可以采用坐标方式对设计方案的众多设计标准的重要性进行分析和评估。设定评定标准中的每一项满分为5分，各项围成的面积越大，则该方案的综合评定指数越高，如图4-26所示，方案B的总体评价比方案A高。

表4-1　方案比较表

方案＼方案	A	B	C	总分
A		0	1	1
B	1		1	2
C	0	0		0

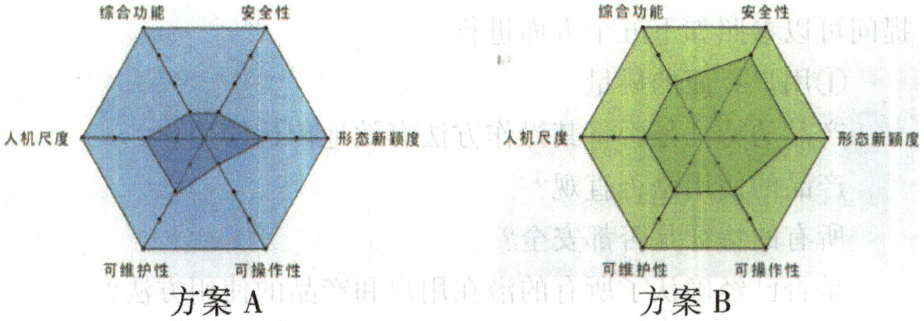

图4-26　方案

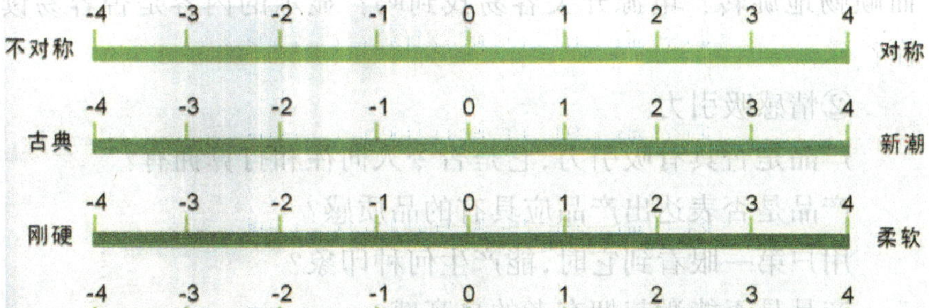

图4-27

语意区分评价法。其是以特定的项目在一定的评价尺度内的重要性作为评价依据的主观判断方法。首先在概念上或意念上进行选择，进而明确评定的方向。一般，将概念或意念用可判断的方式进行表达，如以语言文字进行说明，或用图片直接表达。

其次是选定适当的评价尺度。最后拟定一系列对比较强烈的形容词供评判时参考。具体方法可以是将评价的问题列为意见调查表,并拟定若干个表明态度的问题,评估者对各问题的回答分为“很同意”“同意”“不表态”“不同意”“很不同意”五种。

计分的方法:越趋向正面意义的分数,其分值越高;反之,分值越低。分析时,以“累计和”分值的高低作为计算标准。

从一般语意区分评价表可以看出,通过语意上的差别来评价产品造型质量,使所选的方案接近原产品计划的目标和市场性,这是语意区分评价法所发挥的重要作用。

设问法:就是采用提问的方法来对方案进行评估。对方案的提问可以参照如下五个方面进行。

①用户界面的质量

产品的特征是否将其操作方法有效地传达给用户?

产品的使用是否直观?

所有的特征是否都安全?

是否已经确认了所有的潜在用户和产品的使用方法?

与具体产品相关的问题举例:把手舒适吗?旋钮能否容易而顺畅地旋转?电源开关容易找到吗?显示的内容是否容易读懂?

②情感吸引力

产品是否具有吸引力,它是否令人向往和打算拥有?

产品是否表达出产品应具有的品质感?

用户第一眼看到它时,能产生何种印象?

产品是否能激起拥有者的自豪感?

与具体产品相关的问题举例:家用空调器是否与家庭的氛围相匹配?汽车门关闭时的声音如何?该手动工具是否感觉坚固耐用?

③维护和修理产品的能力

产品的维护是否简便易行,是否一目了然?

产品的特征是否把拆卸和安装步骤有效地传达给用户?

与具体产品有关的问题举例：更换该产品（手机、MP3 播放器……）的电池是否困难？拆卸和更换打印机的墨盒是否困难？

④资源的合理使用

在满足客户需求时，资源的使用情况如何？

材料选择是否合适（从成本和质量的角度分析）？

产品是否存在"过度设计"或"设计不足"的问题？

产品设计中是否考虑了环境、生态因素？

⑤产品形象

在商场中，顾客是否可以根据外观将它选出？

看过该产品广告的顾客是否能记住它？

产品是否强化了企业形象或与企业形象相吻合？

3. 详细设计

方案获得认可后，就可以进入详细设计阶段。由于在详细设计阶段，产品细节的设计决策对产品质量和成本有着实质性的影响，因此该阶段又被称为面向制造的设计（Design for Manufacturing）。详细设计要用到各种类型的信息，包括草图、详图、产品指标以及各种备选_设计，对生产和装配过程的详细理解，对制造成本、生产量及生产启动时间的预测。因此，详细设计阶段是产品开发中涉及最广泛的综合活动之一，需要设计师与工程师、会计、生产人员密切合作来完成产品的设计。

在该阶段，产品的基本形态已经确定，现在面临的任务是对产品的细节进行推敲和完善，以及对产品的基本结构和主要技术参数进行确定，并根据已定案的造型进行工艺上的设计和原型制作。详细设计阶段对于产品设计师而言，主要有以下两个方面的工作需要完成。

（1）设计制图

设计制图最终确定后，就进入了设计制图阶段。设计制图包括外形尺寸图、零部件结构尺寸图、产品装配尺寸图以及材料加工工艺要求等。设计制图为后续工程结构设计提供了依据，也是对产品外观造型进行控制，所有后续设计都必须以此为基准，因此这些图纸的绘制必须严格遵照国家有关标准进行。

（2）模型（原型机）制作

检验设计成功与否，一般情况下利用模型就可以实现。但是为了更好地研究技术实现上的可行性，制作一台能充分体现造型和结构能实现产品全部功能的原型机不失为一个最好的选择。原型机可以将产品的真实面貌充分显现出来，并可以将在绘制草图和制作草模阶段所不曾发现的问题暴露出来。因此，制作模型及样机本身就是详细设计的一个环节，是对设计方案进行深入研究的一个重要方法。通过模型的制作，一方面可以对设计图纸进行检验和修正；另一方面也为最后的设计方案定型提供了依据，同时为后续模具设计的跟进提供了参考。

4. 产品测试

方案细化后制作样机，并对样机进行人机工程学、使用寿命、市场反应、功能实现和维修等测试，针对测试中暴露出来的问题对方案做进一步改进，使产品在投入生产后的风险减至最低。

产品测试通常以如下三种形式依次进行。

（1）第一种形式是将设计方案同最初设计目标进行比较。对产品的测试应当由营销部门或一个单独的新产品管理小组来完成。这一技术工作需要得出产品原型与设计目标之间的差别，然后再与设计人员进行协商，如果产品原型同设计目标的差别可以被接受，就要对产品原型进行第二种测试，即重复进行早期的概念测试。

（2）第二种形式是产品原型概念测试。通过该测试来获得必要的数据，以决定是否对现有的设计概念进行调整。这是因为，随着设计开发时间的推移、设计人员的变更以及市场趋势的变化，已有的产品原型可能与设计目标不一致。在这一步工作中，设计人员的主要任务是去探寻消费者以及用户对产品原型的各种反应，而访谈是普遍采用的方式。产品原型通过概念测试就可以进一步进行更为深入的技术开发工作，从而使产品测试工作进入产品使用测试阶段。

（3）第三种形式是产品使用测试。产品使用测试的目的可以归结为五个方面。

①履行设计目标。

②获得对产品改进的设想。一直到产品投入市场的最后一刻都有可能得到完善产品性能或者降低成本的方法，产品使用测试可为其提出许多建议。

③了解消费者使用产品的方法。

④核对设计要求。设计人员要解决出现的各种问题，并在测试阶段对各种设计要求进行核对。

⑤揭示产品弱点。在不了解产品弱点的情况下，不能进行产品营销活动，而产品使用测试正是揭示这些弱点的，这就要求设计人员具有创造性和理想的思维能力。

对产品原型进行全面测试后，就要结合测试中发现的问题进行修改，如功能、操作方式的改进，模具结合的合理性、经济性、安装方式、安装流程、安全性等。在上述修改工作完成后，就可以将产品的准确数据移交给制造部门，进行模具加工或小批量试产。

在锥形储水器的设计阶段就是一个多次迭代、多次反复的过程。设计是充分利用发散—收敛式思维，寻求解决问题的最优解，并为此不断地进行设计创意、评价和试验。

为了能够更加有效地获得可行性设计创意，奥古斯丁认为，设计创意的提出必须遵守产品的价格成本足够低廉，并能够在众多集水产品中取得成功能原则。起初，奥古斯丁想到了沙漠生活中人们常用的蒸馏水方法，即在向阳的位置挖一个宽1米、深0.5米的土坑，在坑里放一个用于储水的器皿，为增加水分，在坑内铺上新鲜的植物，用透明塑料薄膜盖在坑上面，并在器皿正上方压上重物，使薄膜呈倒锥形。一段时间后，土壤和植物里的水分就会因温差蒸发出来凝结到薄膜上，再形成水滴，顺着斜面流入器皿。

根据这个传统方法，他设计出第一代产品，试图用一个方框内的倒角锥装置来进行蒸馏和凝结。为了对这个创意的可行性进行试验,他在真实环境中对该装置进行试验,经过反复的沙漠测试,揭示了该装置存在的主要问题:该装置的确可以凝结水,但 1/3 的水凝结在方形外壁上又流回了沙地;轻型的塑料容器不够防风,很难固定。

虽然第一个创意的装置及测试没有获得成功,但却为进一步开展设计取得了重要信息,此后,奥古斯丁继续寻找解决问题的设计创意。2001 年 2 月,奥古斯丁由容器的形状方面想到了一个具有突破性的创意,他将容器的造型改为锥形,并在顶部装一个螺母流口,底部配一个向内倾斜的环形集水槽底座,锥体由两片材料胶合在一起。然后,他亲手制作了一个简单的木制模型来测试这一创意。尽管这个创意很令人兴奋,解决了上一个创意中水滴外流及稳定性差等问题,但是相互连接的两片材料容易裂开,边缘常易沾上泥土。因此,这个创意仍然需要进一步的改进。

为了解决两片材料容易开裂的问题,同时要保证不增加产品生产的成本,奥古斯丁考虑了各种吹模成型的方法,但因为生产过程中一些几何和物理学的原因,始终不能够将设计创意付诸实践。最后,在综合考虑材料、造型、成型工艺等多方面的因素并继续经历了 100 多次试验之后,他终于找到了实现锥体成型的方法,即采用一个真空的锥形工具,用一片材料来生产出锥形。奥古斯丁掌握了水锥成型时所需要的正确的温度和空气流速,并使用真空工具模型生产出第一个水锥。该水锥是由透明热成型聚碳酸酯制成的圆锥形自承重稳定装置,顶部装有一个螺帽流口,还有一个向内倾斜的环形集水槽底座。

水锥可以将盐分从水里分离出来而产生淡水,而需要的唯一动力就是阳光。这个装置的构造简单,相对于其他复杂的脱盐设备,其售价低廉、容易维护。水锥使用很简单,往配套的黑色平底盘内倒上 3 ~ 5 升咸水,将水锥罩在底盘上方,在阳光下黑色底盘吸收热量蒸发水分,水蒸气凝结在锥形罩上,并顺着罩子流下聚集在锥形罩底部的槽中。收集满后,快速地倒转锥形罩,拧开顶部的盖子,就可以收集蒸馏出的淡水了。

除了与黑色底盘配套使用,水锥也可以单独使用,将其放在一块沼泽湿地或者潮湿的土地上,也能够收集干净的淡水。

水锥经过使用和环境测试,被证明非常有效,每个水锥一天最多能够收集15升饮用水。同时,水锥的圆锥外形也接受了风洞测试,能够经受时速55公里的大风考验。此外,因为聚碳酸酯具有抗紫外线的功能,它有5年的使用期限,在这之后,还可以将它翻转过来做漏斗,用来收集雨水。

第五章　产品设计的结构与造型

在产品设计过程中,产品的各个功能部件之间的相互连接、各结构之间的固定等,组成了产品的整体功能,从而使该产品具备了一定的造型。产品的结构和造型是产品设计中的重要部分,本章着重对其进行论述。

第一节　产品结构设计的内容与影响因素

一、产品结构设计的内容

(一)产品设计的结构因素

1.产品结构作用与特性

在产品形态的设计过程中,结构的创新是一个至关重要的程序,一个结构十分新颖的产品通常都能够以其强大的视觉冲击力吸引消费者前来购买或者使人产生使用的欲望。如图5-1中的CD架设计,结构就十分简洁巧妙,方便人们随时使用与收藏,从而获得了极好的市场效果。

结构是一种产品功能能够实现的重要物质承担者,丰富着产品的形态。产品的结构具有三个特点:层次性、有序性、稳定性。

结构的层次性主要是由产品的复杂程度来决定的,任意一种产品都是由若干个不同的层次所组成的,如汽车有发动机、车身、底盘、操纵装置等,而发动机则能够分成缸体、缸盖、活塞、连杆等多个小的部件，从整体到局部，都具有不同的层次性，如图 5-2 所示。

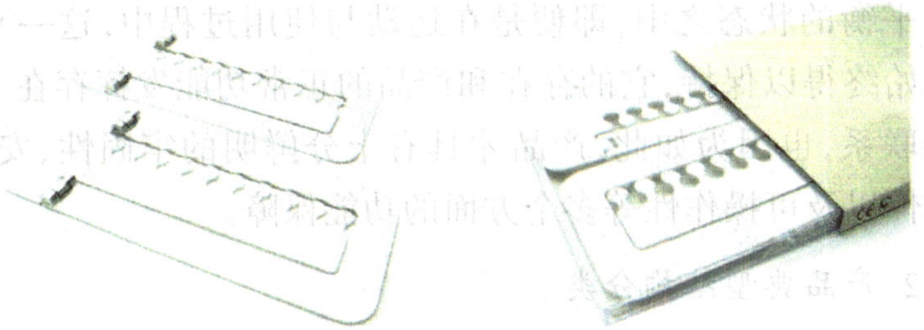

图 5-1　创意 CD 碟架设计

图 5-2　发动机的层次性

有序性主要是指产品的结构都是目的性与规律性之间的统一，各个部分之间的组合和联系是根据一定的要求，有目的、有规律地建立起来的，绝非是一种杂乱无序的凑合。图 5-3 所示的是一套健身器材，各种材料、部件之间的有序性组合，成为产品结构的一个十分重要的特征，也是实现功能的有力保证。

图 5-3　健身器材的组合

所有的产品结构都具有特殊的稳定性这个特征。产品作为一个有序性的设计整体，其材料、部件之间的相互关系始终处在一种平衡的状态之中，即便是在运动与使用过程中，这一平衡状态也始终得以保持，它的存在和产品的正常功能发挥存在十分紧密的联系，也因为如此，产品才具有十分鲜明的牢固性、安全性、可靠性以及可操作性等多个方面的功能保障。

2. 产品典型结构分类

（1）外观结构

外观结构也被人们称作外部结构，主要是通过材料与形式充分体现出来的。在某些特殊的情况下，外观结构并不是承担核心功能的结构，即外部的结构变化并不会直接影响到产品的核心功能，如电话机，不管款式、外部构造怎么进行变换，其语音交流、信息传输、接收信号等一些基本的功能是不会改变的。也因为其外观结构本来就是核心功能的承担者，其结构的形式直接和产品的效用存在密切的关系，如图 5-4 所示的自行车的结构。

图 5-4　自行车的结构

（2）核心结构

核心结构主要是指由某一种技术原理所形成的，具有核心功能的产品结构，也将其称为内部结构。核心结构通常都会涉及一些比较复杂的技术问题。在产品中，以多种形式产生功效，或是功能块，或是元器件，如图 5-5 所示的吸尘器中所包含的各个组成元件，共同构成了它的工作原理，以它作为一个核心结构，并依此对外部结构进行设计，形成了一个具有完整使用功能的工业产品。

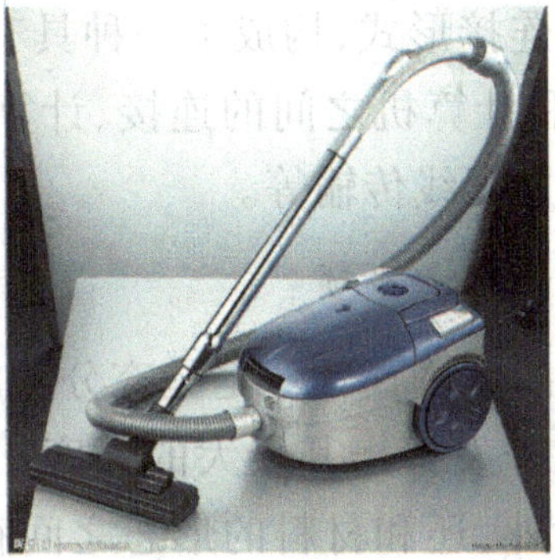

图 5-5　吸尘器

（3）系统结构

系统结构主要是指产品之间的各种关系之间的结构，是把若干个产品视为一个整体，把其中具有独立功能的产品组件视为一个个的构成要素，系统结构设计主要是物和物之间的“关系设计”，通常可以分为以下三种形式。

①分体结构。主要是相对于整体结构而言的，指的是同一总体功能的产品中，不同组件或者分体之间所呈现出来的关系。例如，计算机是由主机、显示器、键盘、鼠标以及一些外围的设备所构成的。

②系列结构。主要是指由若干个产品所构成的成套系列、组合系列、家族系列等系列化的产品形式，产品和产品之间是一种相互依存、相互作用的关系类型，图 5-6 所示的就是一组系列产品。

图 5-6　系列产品结构

③网络结构。主要是由若干个具有独立功能的产品之间进行有形或者无形的连接形式，构成了一种具有复合性能的网络系统。例如，计算机和计算机之间的连接、计算机服务器和若干个终端之间的连接以及无线传输等。

3. 结构设计中的注意事项

一个比较合理的结构设计一定是充分考虑了其材料的特性，在特定的条件下充分发挥出其最大的强度。结构除了和组成的材料性质存在关联外，还和材料的形态之间存在密切的关系，不同型材、块材、线材、板材等，其强度之间也存在一定的区别。

（1）结构强度和材料形态之间的关系。两个材料相同、形态各异的物体，其强度也是不相同的，材料的结构强度和材料之间的整体体量形状也存在较大的关系。设计中应通过材料的形态结构变化，尽可能地发挥出材料的强度特性。

（2）结构强度和结构稳定之间的关系。结构强度和稳定性存在密切的关系。三角形结构属于最稳定的结构种类，在现实生活中，有不少产品或者机械系统大都采用的是三角形的结构原理，如自行车的车架设计，就是一个十分典型的三角形结构类型（见图 5-7）。

图 5-7　自行车架结构

（二）产品设计中的连接结构

在产品的形态设计过程中，存在着很多结构相互衔接的问题，由此便形成了一种复杂多样的连接结构类型，也正是由于有了这些不同的结构连接类型，才使产品的形态与使用方式变得更加繁多，为产品的形态设计拓展了一个更加广阔的自由空间。图 5–8 所示的手机在屏幕之间采用的就是一类不同的连接结构方式，出现了不同的造型与使用方式。

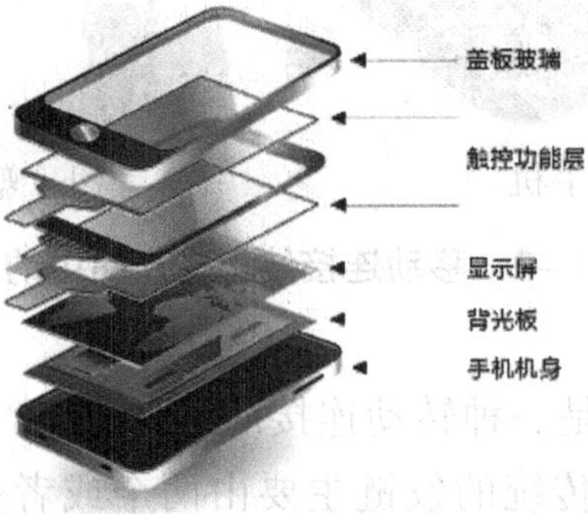

图 5–8　手机连接结构设计

（三）产品设计中的动、静连接结构

从产品的设计角度来看，对连接结构加以研究，掌握其中的特点与应用技巧，对设计师进行产品造型设计十分有利。

1. 动连接的应用

（1）移动连接结构

移动连接主要是指构件沿着一条固定的轨道进行运动，设计过程中侧重于移动的可靠性、滑动阻力的设置以及运动精度的确定，主要应用在抽屉、手机滑盖、桌椅的升降以及拉杆天线等具有伸缩功能的结构设计之中。

图 5–9（a）中的滑盖手机屏幕与键盘之间就是采用的移动连接结构；而图 5–9（b）中的塑料瓶压扁器，是一种技术含量相对较低的实用工具，其中的滑动连接结构设计，十分巧妙地实现了既定功能的运用，并使其外形十分简洁，操作变得比较简单。

（a）滑盖手机

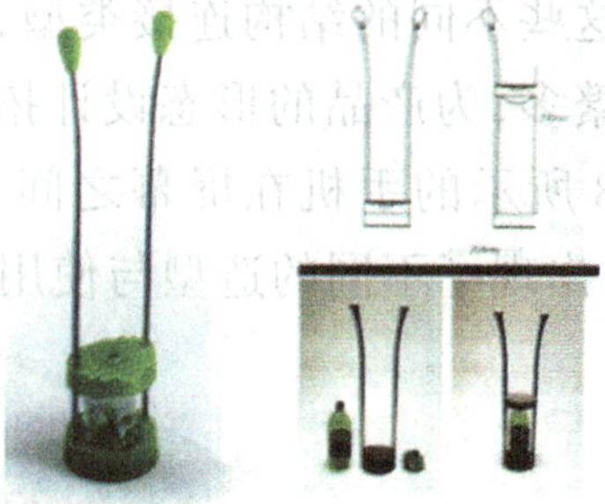

（b）塑料瓶压扁器

图 5-9　移动连接结构在产品中的应用

（2）铰接

铰接采用的是一种转动连接的结构，常常用于连接转动的装置与产品结构。传统的铰链主要由两个或者多个可移动的金属片构成。现代产品设计中的铰链相当数量都是由能够重复弯曲的单一塑料片所制成的，如洗发液包装容器的开盖与主体间进行的连接。

图 5-10（a）中是名为“鹿特丹”的金属桌子结构设计，九块折叠板分别由竖直铰链连接在一起，顶部敞开，紧缩的空间能够进一步消除传统桌面存在的必要性；图 5-10（b）中的设计是折叠台灯，铰链在这里的应用，使产品的工作状态与收藏状态都形成了极大的差别，产品的形态与体量也出现了比较大的变化。

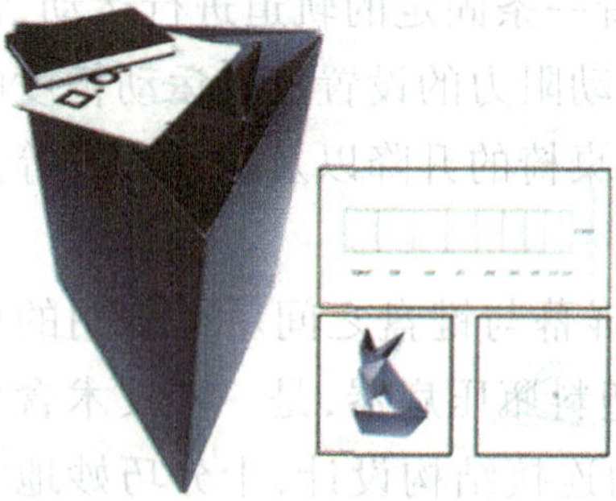

（a）

（b）

图 5-10　铰接在产品中的应用

（3）风箱形柔性连接

柔性连接设计中允许一些被连接的零部件在位置和角度上在一定的范围中进行变化，或者连接构件能够形成一定范围的形状、位置变化但是不影响运动所传递或者固定的关系。风箱形结构是这类连接的主要代表类型，是一种十分重要的运动连接结构，应用的范围主要分布在灯头、车的里程表、医疗器械、电源插座、软轴接头等产品中。

图 5-11（a）中垃圾桶的设计就是借鉴了折叠帽的形式与帐篷的材质，松开包装，它便能够完全弹展开来，弹性十分卓越的钢骨架的支撑，可以让整个垃圾桶折成一个平面，从而极大地减少了运输与包装的成本；图 5-11（b）中的纸灯笼设计也是风箱形柔性连接的典型；图 5-11(c)中的大篷车设计，当两侧都展开时，其体积能够增大两倍，透明的一侧是起居室，而不透明的一侧则为卧室，柔性连接的设计方式可以使产品更加巧妙实用。

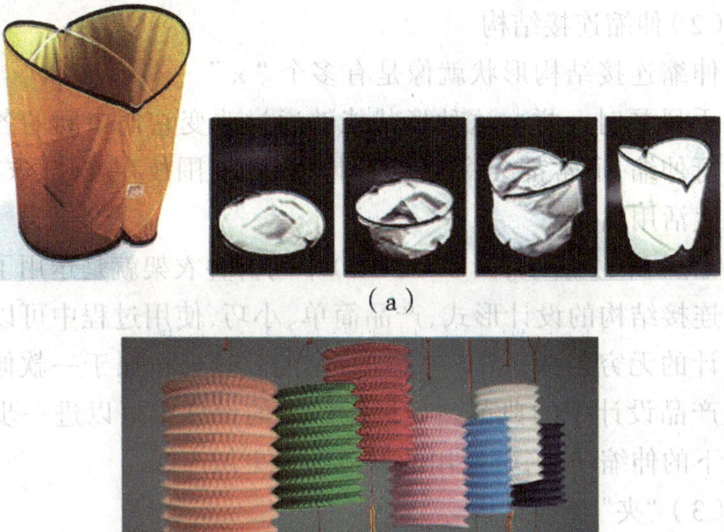

（a）

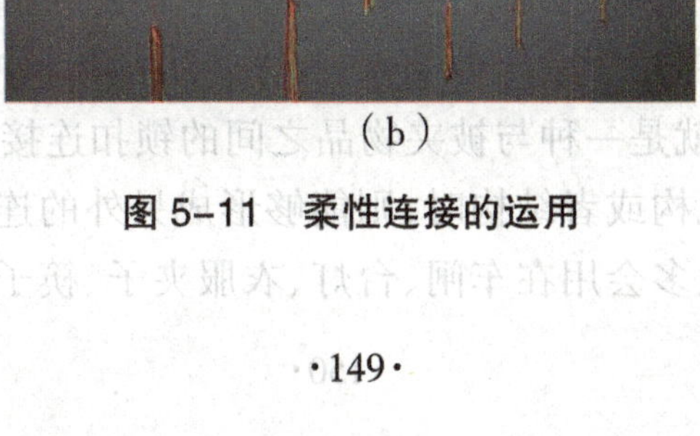

（b）

图 5-11　柔性连接的运用

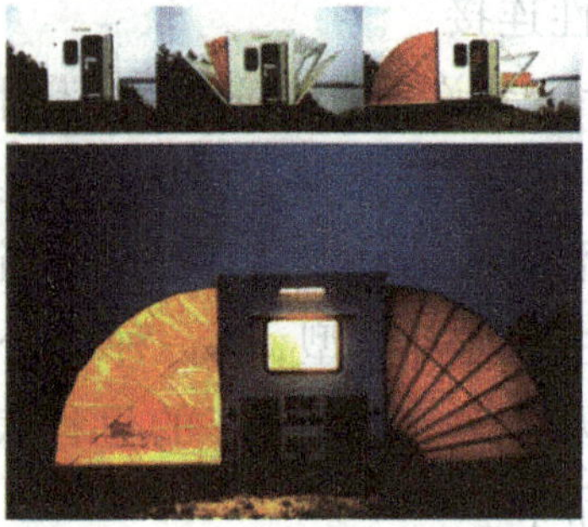

（c）

图 5-11　柔性连接的运用（续）

2. 静连接的应用

（1）可拆固定连接

可拆固定连接的结构主要有以下的特色：在使用过程中，能够十分方便地将产品的部件组装为一个整体，不用的时候，又能够将它们方便地拆除下来，不仅利于保管，而且也便于运输。

（2）伸缩连接结构

伸缩连接结构形状就像是有多个“×”—××××××，就像拉手风琴时一样。这种形状能够通过改变它们中间的各个角度进行伸缩，通常都会将这种设计的应用范围放在文具、衣架、家具等生活用品中。

如图 5-12 所示，图 5-12（a）中的折叠衣架就是运用了这种伸缩连接结构的设计形式，产品简单、小巧，使用过程中可以感受到设计的无穷创意；图 5-12（b）中的软盘夹也属于一款伸缩结构在产品设计中的典范。如果在产品的设计中可以进一步考虑到上下的伸缩功能，其适用的群体则会更加广泛。

（3）“夹”连接结构

“夹”是一种较为综合的设计类型，它的产生和形态、结构、机构、材料等都保持了一定的关系，当“夹”在设计中利用了材料本身的弹性时，就是一种与被夹物品之间的锁扣连接；当“夹”是利用了外来的机构或者结构时，则能够形成另外的连接结构。“夹”的连接结构大多会用在车闸、台灯、衣服夹子、筷子等一些比较常见的家居用品中。

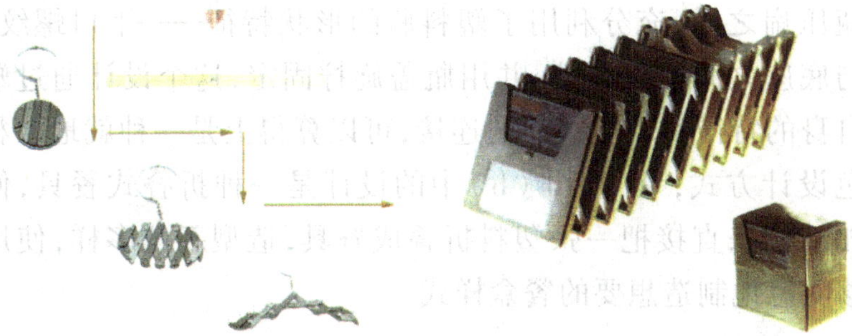

（a）　　　　　　（b）

图 5-12　伸缩连接结构的运用

如图 5-13 所示，图 5-13（a）中的聚甲醛树脂挂衣钉设计，其设计师就充分利用了聚甲醛树脂所具备的弹性与强韧等相关特征，外形设计十分简单，省略了所有能够省略的相关部件，使产品简洁实用；图 5-13（b）中的"自己能站立"的夹子设计，主要是在传统产品的基础上进行的一次再创造，是借靠外部的机构与结构来达到特定的"夹"的目的。

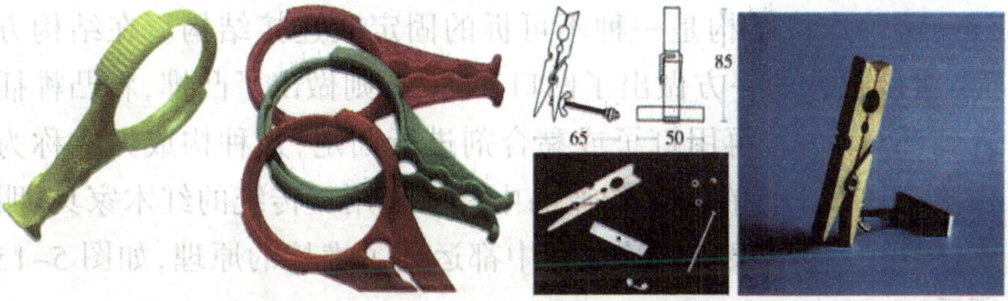

（a）　　　　　　（b）

图 5-13　"夹"结构在产品中的应用

（4）锁扣连接结构

在这类产品的形态结构中，主要是运用了产品的材料本身特性或零部件的一系列特性，如塑料的弹性、磁铁的磁性或者按扣的瞬时固定进行连接。它们都具有结构简单、形式灵活、工作可靠等多种优点，这种结构装置对模具的复杂程度增加十分有限，基本上不会影响到产品的生产成本，因此广泛应用在手表带、皮带扣、服装等多种家居用品中。

如图 5-14 所示，图 5-14（a）中的衣物挂钩，是把塑料矿泉水瓶压扁之后，充分利用了塑料瓶的形状特征——平口螺纹，使之与底座之间加以连接，并用瓶盖旋拧固定，这个设计通过塑料瓶自身的特征实现了锁扣的连接，可以算得上是一种就地取材的绿色设计方式；图 5-14（b）中的设计是一种折叠式餐具，使用钮扣结构来直接把一张塑料折叠成餐具，造型新鲜多样，使用者能够随意地制造想要的餐盒样式。

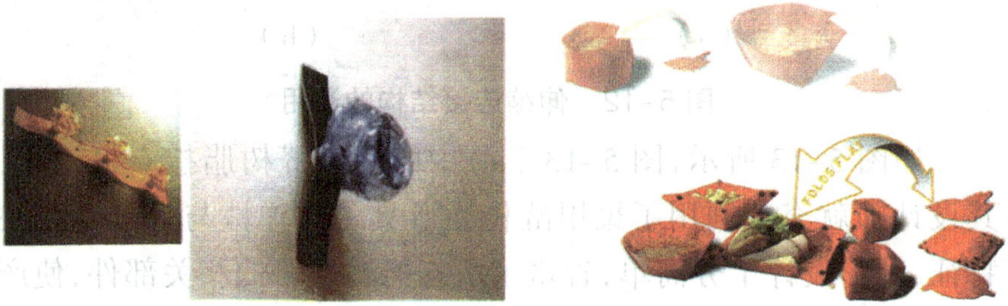

（a）　　（b）

图 5-14　锁扣连接结构的运用

（5）榫接连接结构

这种连接结构是一种不可拆的固定式连接结构。在结构方面，连接双方的一方做出了凹口，另一方则做出了凸榫，将凸榫插入到凹口中去，再用钉子或黏合剂进行固定，这种构成方式称为榫接。榫接形式在很多的产品中都有运用。传统的红木家具、明式家具中，包括很多建筑结构中都运用了榫接的原理，如图 5-15 所示。

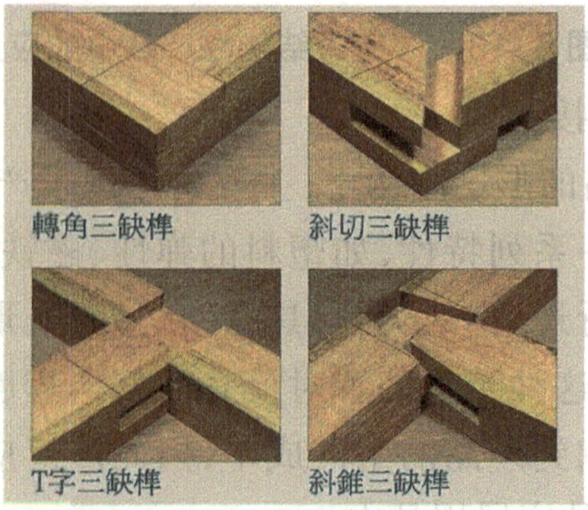

图 5-15　榫接结构图

二、影响产品结构的因素

（一）产品连接结构的形成与影响因素

1. 产品形态和连接结构

不同产品的形态要求具有不同的连接结构与其相匹配。同时，不同的连接结构能够产生不同的产品形态，例如，饮料、酒水的瓶盖设计，现在的瓶盖设计比较常见的形式有螺旋式、按压式、拨开式等结构，也因此相应地产生了多种包装瓶型。

2. 产品功能和连接结构

具有一些比较特殊功能要求的零部件，可以产生多种不同的连接方式，例如需要起防水、防潮功能的药品包装设计，其连接的结构通常应有利于药品进行密封。

3. 产品材料和连接结构

材料不同其具有的属性也不同，因此要选用不同的连接结构进行连接。例如，对金属与塑料比较常用的方式是焊接，但是木材的连接方式主要是选择榫接、粘接等。

4. 加工工艺与连接结构

加工工艺的优劣与产品生产成本的高低存在直接的关系，产品的巧妙结构设计和选用，能够尽可能地简化生产工艺，降低生产成本。

5. 使用者的倾向性选择

由于消费具有比较明显的潮流性，一旦消费者本身表现出对某种产品购买的热情时，就会最大限度地促使相关产品上市，其中某种比较理想或者十分经典的连接结构就很可能被多家工厂所采用和推广。

6. 操作的安全可靠性

首先，在对连接结构进行选用时，安全性是首先要考虑的因素。其次，还应该重点考虑连接结构的有效使用寿命，这一点是产品功能得以充分实现的基本保证。

（二）连接结构的分类

根据连接标准的不同，我们能够将产品的连接结构分成不同的种类，如根据连接的原理，能够将其分成机械、粘接与焊接三种连接方式；根据结构的功能以及部件的活动空间，能够分成动连接与静连接结构，如表 5-1 与表 5-2 所示。[①]

表 5-1　不同原理的连接种类与具体形式

连接种类	具体形式
机械连接	铆接、螺栓、键、销、弹性卡扣等
焊接	利用电能进行的焊接方式主要包括电弧焊、埋弧焊、气体保护焊、激光焊；利用化学能进行的焊接方式主要包括气焊、原子氢能焊与铸焊等；利用机械能进行的焊接方式主要有烟焊、冷压焊、爆炸焊、摩擦焊等
粘接	黏合剂粘接、溶剂粘接

表 5-2　不同功能的连接种类与具体形式

连接种类	具体形式
静连接	不可拆固定连接：焊接、铆接、粘接
	可拆固定连接：螺纹、销、弹性变形、锁扣、插接等
动连接	柔性连接：弹簧连接、软轴连接
	移动连接：滑动连接、滚动连接
	转动连接

① 该数据摘自《中国设计之窗》。

第二节 产品造型设计与感觉

一、产品的造型设计

产品的造型设计主要是对工业产品的材料、构造、加工方法、功能性、合理性、经济性、审美性进行设计。也就是以工业产品作为设计对象,从美学、自然学、心理学、经济学、色彩感等各个方面出发,对产品的三维空间造型进行设计。

(一)产品造型设计的形态构成

产品造型设计的形态要素在产品造型设计中占据着首要的地位。在产品系统中,产品形态在其中充当着极为重要的角色,它是构成产品的现实基础,也是产品物质和精神功能得以实现的前提条件。产品的形态和产品的其他要素,如功能、结构、材料、色彩、肌理等一起构成了这种产品所特有的整体属性。当消费者在对某种产品进行选择与使用时,通常都是通过产品视觉方面或触觉方面的形态所传达出来的某种信息与情感判断其使用的方式、衡量其审美的价值。人们在构成或者评判产品的特质时需要将产品的形态和产品的其他要素联系在一起,是通过形、色、质三个方面的相互交融的关系来提升或理解设计的意境,以折射出或感受到隐藏在物质形态表象后面的产品精神。所以,充分理解产品形态的重要性,把握形态与功能、结构、材料、色彩、肌理等要素之间的关系,以独特的形态语言传达出产品的典型性内容,对于产品设计的成功是极为重要的(见图 5-16)。

形态主要是指物体内在本质的一种外在表现,它包含了物体的外在形状以及使人们能够产生心理感受的情感。“形”主要是指物体的高、宽、深比例以及透视缩影的变化,是物化的、实在的或硬性的,具体指物体轮廓、明暗交界线、投影、转折等的关系;

“态”主要是指物体所蕴含的“神态”,是对人产生各种感情影响的形式内容,它主要是精神的、文化的、软性的以及有生命力的,所以,形态是物体“外形”和“神态”之间的有机结合。产品的形态本质上也就是实在物质性和人的精神性之间的综合,也就是主观和客观的统一。而成功产品形态的创造不但要求可以表达出某种意义,同时也要求和各产品要素保持统一。只有当产品的形态所具备的意义和产品的物质功能以及人的审美需求保持一致时,当产品的形态符合伦理道德要求且不会对环境产生负面的影响时,产品的形态设计才是比较成功的(见图 5-17)。

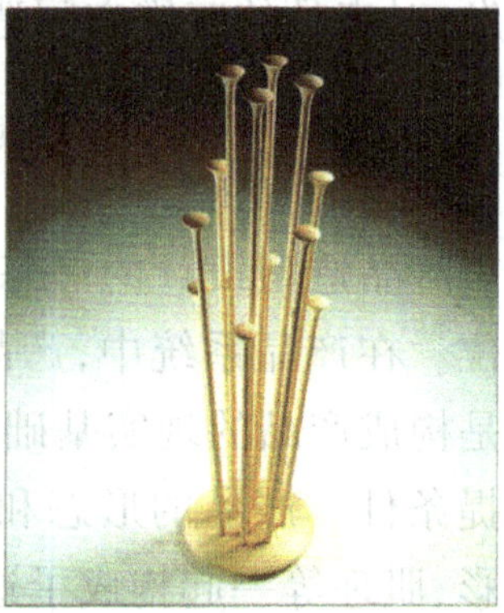

图 5-16 产品的造型设计

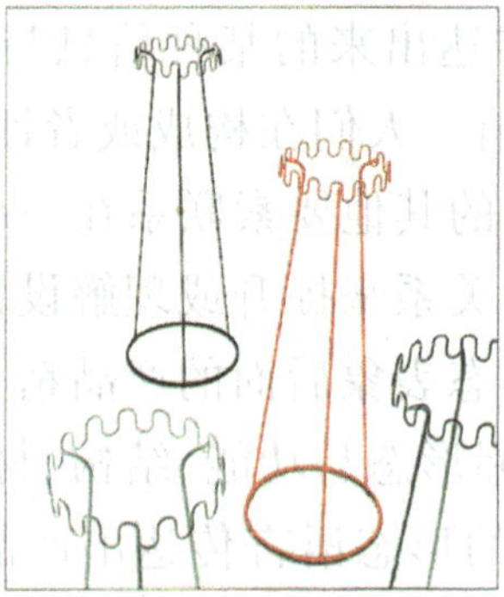

图 5-17 挂物架

1. 构成与造型

构成属于一个近代的概念,《现代汉语词典》将其解释为“形成”与“造成”,而在现代的艺术设计范畴中,从广义方面来看,其含义和“造型”是相同的，狭义方面则是“组合”的意思，也就是对从造型要素中抽出来的那些纯粹的形态要素进行研究。简而言之，我们这里所说的构成，主要是以形态或者材料等作为有效素材，根据视觉效果、力学或者心理学、物理学有关原理进行的一种组合。

“构成”和“造型”在概念上存在一定的区别，将形态的多个要素根据一定的原则进行创造性的组合，其创作方法就叫作构成，而所创作出来的作品，则称为造型。也就是说，它们的区别在于能够构成更强调造型的过程而不仅仅在于结果。大千世界的所有形态都是各个要素之间的组合形态。更进一步讲，离开了点、线、面的组合，不管具象或抽象的形态都无法成立。所有形态(包括具象形态和抽象形态)都是由点、线、面及其组合构成的，所不同的仅仅是组合原则与方式而已。换一个角度来看，从构成的实质方面讲，构成主要是用分解组合的观点进行观察、认识以及创造形态，主要是造型活动的科学创造性思维，它并不会规定形态要素一定是点、线、面(见图 5-18)。

图 5-18　仿生灯设计

2. 立体构成

构成是指排除了时代性、地区性、社会性、生产性等众多因素的造型活动形式，造型设计包括了立体构成在内，充分考虑到其他众多的造型要素，使其能够成为一个完整、合理、科学的造型物的活动，构成是设计的重要基础。

在三大构成之中，立体构成（空间构成）在工业产品造型设计过程中占据了十分重要的角色。

（1）体的概念

体在几何学上被解释为“面的移动轨迹”；在造型学上，体被称作一种由长度、宽度和深度三次元所共同构成的“三度空间”或“三次元空间”。体由于具有实质性的空间，因此从任何角度都能够通过视觉与触觉来感知它的存在。其存在的主要特征就在于体的量感表现，也就是它能够体现出物体的体积、重量以及内容量三者之间的共同关系。体的量感具有正量感与负量感两种不同的类型。简单来说，正量感主要是指实体的表现，而负量感主要是指虚体的存在。

若以构成的形态进行区分，体可以分成半立体、点立体、线立体、面立体以及块立体等多种主要的类型。

三度空间的构成，并非是一种纯粹以点、线、面或者块立体的形态出现的，而通常都需要对其进行复杂的构成才可以满足各种不同的立体造型。

（2）立体构成的特征

立体构成的特征主要表现为分析性、感觉性以及综合性。

①分析性。主要是指绘画和图案的创作活动，其鲜明的特点是从自然中收集有关的素材，将对象当作一个整体加以研究，以具象作为原型，通过夸张、变形而加工成有关作品。构成则不是模仿对象，而是把一个比较完整的对象分解成很多造型要素。之后再根据一定的原则（自然而然也加入了作者的主观情感），重新进行组合成为一种新的设计。构成在研究一个形态的过程中将它推至原始的起点，分析构成元素、原因以及方法，这就组成了构成的认识方法和创作方法。

②感觉性。构成是理性和感性之间的有机结合，是主观和客观相互结合在一起的。构成作为一种视觉形象要素，它一定会将形象和人的感情结合到一起，只有将人的感情、心理因素作为造型原则的重要组成部分，才可以使构成的形态产生艺术的感

染力量。

③综合性。立体构成作为一门造型设计的基础性学科，和材料、工艺等相关技术问题存在十分密切的联系：不同的材料与加工工艺，可以使那些采用相同的构成方法创造出来的形态产生不同的效果。所以，构成一定要与不同材料、加工工艺结合在一起，创造出具有特定效果的形态，这样才能充分体现出构成的综合性（见图 5-19）

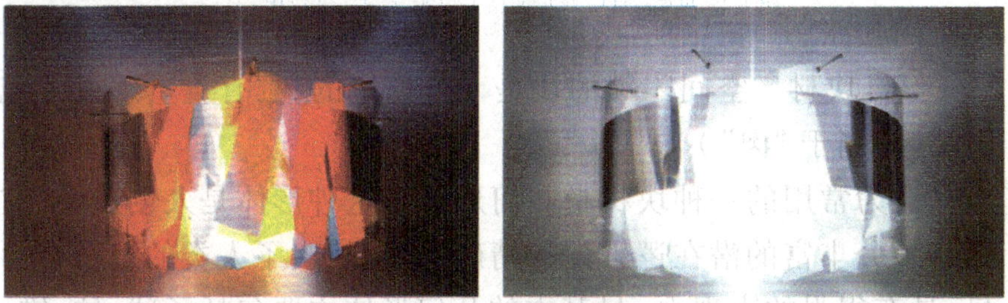

图 5-19 天花板灯具

3. 立体构成与色彩

色彩和形体之间的关系十分重要。不管怎样，色彩一旦改变了施色物体的有关形状，则这种色彩的视觉也就会相应地发生改变。所以，在考虑形体的色彩时，不但需要将形体变化对色彩的影响充分考虑到其中，还应该将色彩变化对形体的影响考虑到其中，以便能够巧妙地运用。例如，小轿车的设计就是利用了形体的变化使单色形成了十分丰富的色彩效果，加强了对汽车形体的比例分割，使车身显得更加扁平（见图 5-20 ）。

图 5-20 汽车的形体

4. 立体形态的材料

立体或者空间形态都需要通过材料的加工实现，立体构成的实践应该将视觉的形态要素物化为材料，要求将视觉的运动物化为组合的形式。所以，特把材料根据形状划分成了三类，即线材、板材、块材，以便能够把握住材料对应的心理特征。

（1）线材。轻快、紧张，具有一定的空间感（相当于“骨骼”）。

（2）板材。表面属于扩展的，有充实感。侧面比较轻快，有一定的紧张感（相当于“皮”）。

（3）块材。空间闭锁的块是十分稳定的，具有重量感以及充实感（相当于“肉”）：

最为常用的一种块材是几何形体。这种形体是人创造的，它具有十分丰富的潜在逻辑性与精确性，反映出了人类的智慧与力量，具有很强的表现力。最基本的几何形体主要包括了球、柱、锥、立方体等，为使其变得更加丰富，可以通过变形、加法以及减法的创造来实现（见图 5-21）。

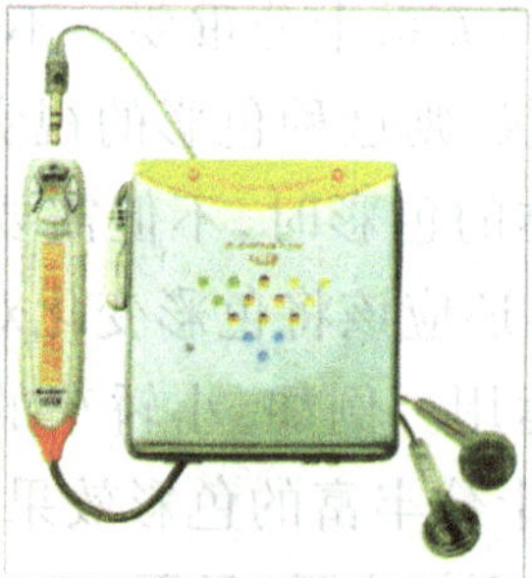

（a）便携式播放器

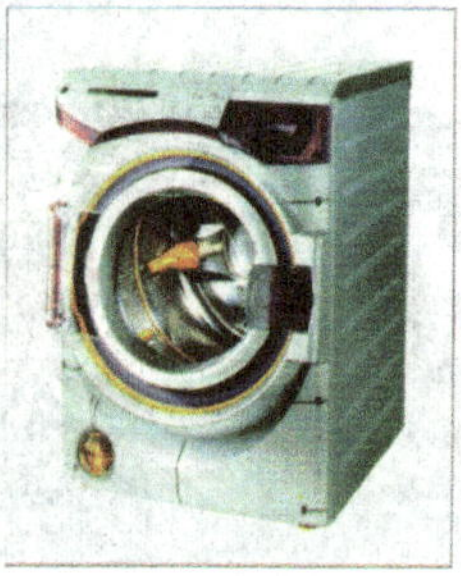

（b）洗衣机

图 5-21　立体形态的材料

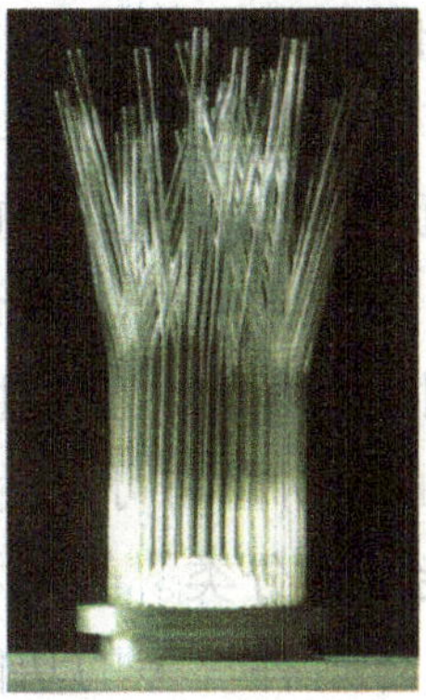

（c）台灯

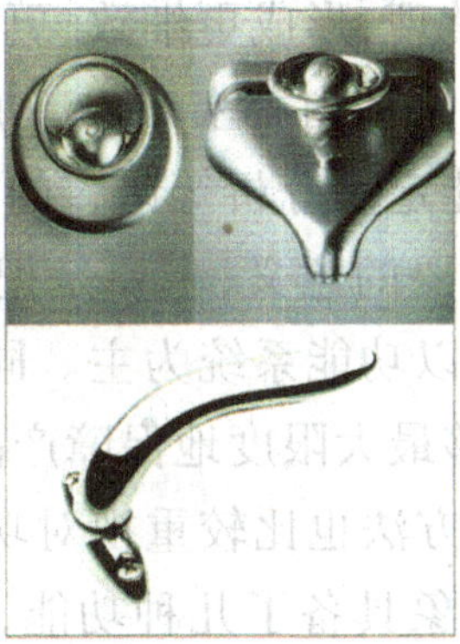

（d）水龙头

图 5-21　立体形态的材料（续）

（二）造型设计的主要方法

所谓方法指的是为了解决某个问题或为了达到某种目标而运用的方式方法的总和。广义上来看，方法其实就是人的一种行为方式；狭义地来理解，方法是指能够解决某一个具体的问题，完成某一项具体的工作而需要的一系列程序和办法。

设计的方法是在设计的实践过程中逐步产生与发展起来的，同时，它还在和其他的学科方法进行持续交流与学习的过程中不断地发展变化着。由此来看，现代设计的方法学，其实就是一门综合性的科学。而在现代设计的方法论中，“包括突变论、信息论、智能论、系统论、功能论、优化论、对应论、控制论、离散论、模糊论、艺术论的内容”。[①] 其中，最具普遍意义的为功能论方法与系统论方法。

1. 功能论方法

无论哪一种设计都有其最终的目的，而目的正好是功能的表现，功能设计不但涉及了产品的使用价值，还涉及其使用的期限，涉及其重要性、可靠性、经济性等多个方面的内容。

功能论方法是把造物的功能或设计所追求的功能价值加以

① 戚昌滋．现代广义设计科学方法学[M]．北京：中国建筑工业出版社，1996.

分析、综合整理，形成更细致、更完整、更高效的结构构思设计，完成设计任务。从内容上来看，功能论方法主要包括功能定义、功能整理、功能定量分析等诸多的方面。功能论方法在设计的过程中有极为重要的意义，主要是把产品的功能作为其设计的核心，设计构思也以功能系统为主。同时，这种设计方法主要是以功能为中心，能够最大限度地保障产品的实用性与可靠性。

功能论方法也比较重视对功能进行分类。李砚祖先生认为，有的设计对象具备了几种功能，有的则有较多的功能，如果按照功能的性质来分，主要有物质功能和精神功能两部分。而物质功能则是产品的首要功能，精神功能包括通过产品的外观造型以及物质功能表现出来的审美、象征、教育等。其具体的结构如图5-22所示。

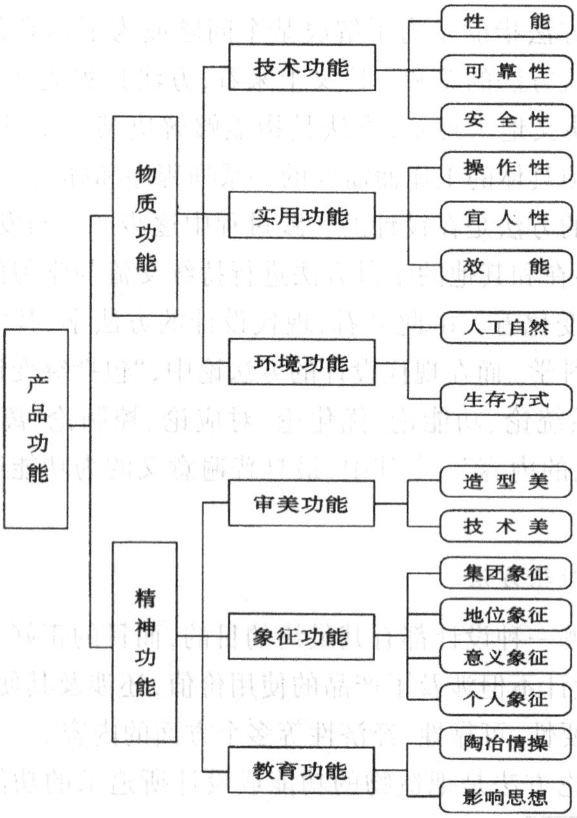

图5-22　产品功能结构图

2. 系统论方法

系统论方法是进行整个设计的前提，它是一种以系统的整体分析及系统观点作为基础的科学方法。系统论认为系统是一个具有特定的功能，相互联系与相互制约的有序性整体。

具体来看，设计的系统分析包括许多方面，如设计总体分析、功能分析、分析模拟、系统优化等多个方面，最后进行系统综合。系统分析是系统工程的重要组成部分，系统分析是系统综合的前提，而系统综合是根据系统分析的结果，进行综合的整理、评价和改善，实现有序要素的集合。由此可知，系统论方法为现代设计领域提供了从整体的到互为的多种角度进行分析研究的对象，也提供了与之相关问题的思想工具与思想方法。

除了上述两种重要的设计方法之外，还有下列的设计方法是设计的影响因素。

优化论方法。优化是现代设计过程的重要目标之一，常常采用数学的方法对各种优化值进行搜索，希望能够寻求一种最佳的设计效果。

智能论方法。这是一种采用智能的理论，发挥智能载体的潜力而从事设计的方法。智能载体除了生物智能外，还包括人造智能，如计算机、机器人等。

控制论方法。以动态作为分析的基点的科学方法，重点研究动态信息与控制以及反馈的过程，包括输入信号和输出功能间的定性定量关系。

总之，影响设计的因素有很多，要根据设计过程中所遇到的实际问题进行有针对性地解决所遇到的问题。只有全面考虑到各种影响因素，才可以在设计过程中寻找到最好的设计方式方法。

二、产品造型的感觉

（一）产品的色彩感觉

1. 平面造型的色彩感觉

我们知道，色彩不同，对人的生理与心理影响也会不同，从而让人产生的感觉与情感也会不同。即便是相同的色彩赋予了不同的物体，或者是不同的色彩赋予了相同的物体，很多时候也会有完全迥异的效果。色彩通过不同的色相、纯度、亮度等形成各种不同的色彩性质，同时也通过不同色彩中的不同面积比，以及其中的呼应等关系，产生完全不同的色彩对比、调和。如果色彩反映出来的事物情趣能够和人们的生活联想之间发生共鸣，那么这个时候人们就能够感受出色彩的和谐，并感受出色彩的装饰功能，如图 5-23 所示。

图 5-23　泰姬陵前面的多种色彩对比

2. 立体造型的色彩感觉

对于立体造型的色彩设计，不能够脱离对光线的合理使用。虽然它需要严格遵循色相、明度、纯度等色彩的特定规律，但是寻求一种相对合理的空间关系依然是实施立体造型的关键。在立体造型中合理使用色彩因素，就需要基于光和色之间的关系来进行。如红色的汽车能够呈现出来红色，是因为不但可以反射红光，还会吸收绿光和蓝光。同理，呈现出白色的物体通常是反射了大多数或所有的可见光。根据这个原理来看,那些呈黑色的物体是吸收了多数可见光,同时它们基本上不会反光。由上述所说的原理我们能够知道,光线和色彩之间存在着极其微妙的内在关系。

色彩是立体造型的重要构成因素,它和形态以及物体的材质之间相互依存,并在此基础上创造出视觉质感以及塑造出空间,如图 5-24 所示。光线对立体造型的色彩再现有着极为重要的作用。光线从正面直射和侧面照射时色彩有很大差别,而如果使用逆光照明来看,物体的色彩看上去就会显得相对柔和些,甚至消失。通过上述的现象可知,在立体造型中,设计者不但要对色彩的构成原理进行充分的了解,还要充分掌握照射到对象表面的光线特点。

图 5-24 色彩造型呈现出立体感

3. 色彩造型的其他感觉

色彩是产品造型设计中至关重要的因素,色彩可以改变产品造型的感觉以及形成心理上不同的感受,色彩计划同样要根据产品概念和设计概念来设定:基于产品的概念,必须符合“何人”“何地”“如何”使用的原则。而且,色彩也是产品战略中必须研究的课题。例如,照相机产品、OA 产品(复印机、计算机、打印机等)、医疗产品等,因为属于相同产品领域而在色彩运用上带有共性。

照相机、影像设备多以黑灰为主,OA 产品和医疗产品多用浅色、本白、灰色等(见图 5-25)。如果要超出习惯性的基色范围处理产品颜色时,就要研究与外观色彩是否相符,与市场战略意图是否相符,而不能以个人的偏爱取而代之。如果是为了追求差异,不妨在惯用基色的基础上将品牌文字图形的色彩加以强调。为了加强产品的视觉效果,形成品牌系列,也不妨将产品的某一部分或某个部件加以色彩变化,或用企业象征色来装饰这一部分。白色给人一种干净整洁的心理感觉,灰色使人感到舒畅,这些产品的色彩不同,给人的心理感觉也有相应的变化。当然,除此之外还有很多其他的色彩设计运用到产品之中,如红色给人热烈之感,绿色给人带来活力之感等。

(a)照相机

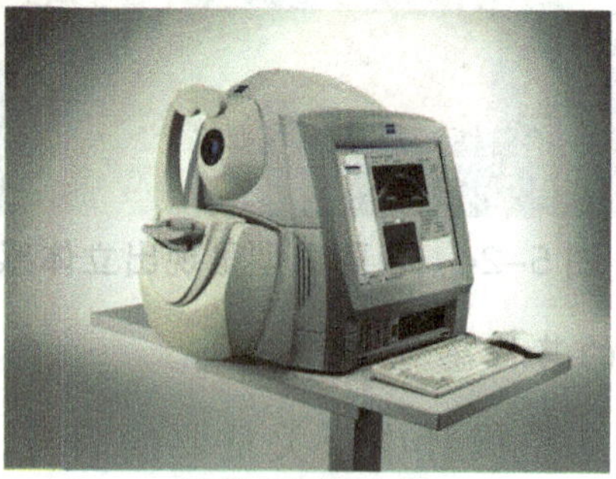

(b)医疗设备

图 5-25 产品的外在色彩

产品的表面处理对色彩的影响很大。同样是黑色,因表面处理的不同而视觉效果各异。涂饰时可以处理成"高光"或"亚光",在塑料成型时也可以处理成橘皮质感,也可以通过氧化处理形成肌理感。不同的表面处理,可使产品具有不同的品位。

另外,产品上的各种视觉提示部分的色彩,必须依据人体工学的原理进行配色。

(二)产品材料与感觉

产品的实现主要依赖于其所用的材料。纵观人类在设计、造物的发展过程,就是一部材料不断发展演进的历史。最初的造物发明主要是利用石材与兽骨,经过磨削制成工具或者装饰物。接着是利用葛、麻等一些植物材料,之后则是利用蚕丝等。对泥和火的特性有了一定的认识之后,又催生出了陶器。之后,材料开始通过人工合成,使人类逐渐走进了青铜器时代,标志着文明时期的开启。各种金属复合材料、高分子材料等的不断发现和发明,使之前难以企及的形态逐渐变成了可能(见图 5-26)。

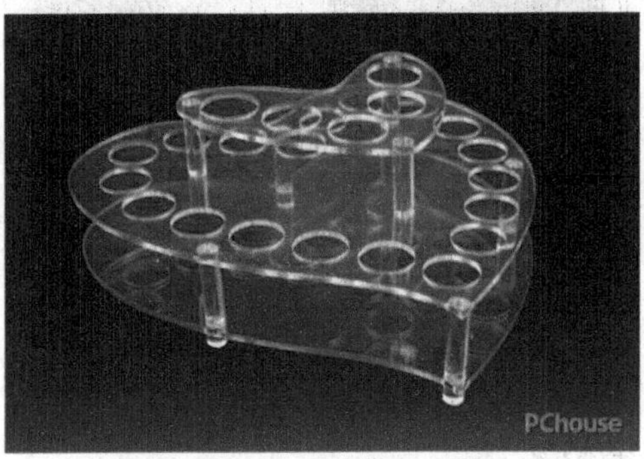

图 5-26　亚克力材料产品

1. 木质造型感觉

木材是一种比较常用的造型材料,大多在家居环境设计以及建筑设计中使用。木材的表面往往带有十分美丽的纹理,给人一种色泽悦目的感觉,其重量相对比较轻。因为木材自身具有一定的含水率,所以,在不同的湿度环境之中,木材往往会出现脱水收缩或者吸水膨胀的情况,这种属性可以导致木材比较容易发生翘曲与开裂现象,但有时也常常被用于调节室内的湿度。木材还具有良好的可塑性。根据木材的刚性差异可以知道,传统把木材分成硬木与软木两大类型。硬木主要包括枫树、橡树、胡桃木等,以及樱桃树与梨树等果树,通常雕刻的难度会比较大,但是不容易断裂，被广泛地应用到家具装饰或者门板制作中。软木大多都是针叶树，其具有与生俱来的特性，可以使其容易着色、上蜡、滚油，或者抛光成为光亮的表面。除此之外，木材还带有不易导电、易燃烧、易被虫蛀等多种特点。

木制品的加工流程大体上如下：首先能够通过手工或者机械设备把自然木材加工成为部件，之后则组装成制品，再经过表面的处理、涂饰以后，最后能够形成一件比较完整的木制品。当然，也能够把自然木材运用层压、胶合、加热等多种加工方式制成层压木，再按照需要组装和加工（见图 5-27）。

图 5-27 木椅子

2. 金属造型感觉

金属是一种十分吸引设计师的材料类型，在装饰品、家居日用品、各种交通工具以及建筑中都被极为广泛地应用。通常而言，日用品是运用金属最多的地方，其主要运用材料的类型为各类合金，它们可以提高金属的耐用性与强度。如今用得最为广泛的合金当属钢铁，现代家庭装饰、日用品中基本上都和不锈钢存在极大的关系，房屋的结构、管道、水槽、水池、厨具以及灶具等也都采用各类钢铁制造。除此之外，常用的金属还包括金、银等一些贵重金属，常常用在首饰制作方面。此外，还包括铜、锡、铁、铝、锡铅合金以及青铜等。金属给人的感觉是比较冰冷的，尤其是不锈钢，由于泛着白光，总是给人寒冷之感。而黄金则给人一种温暖的颜色，这是由其泛黄的色彩决定的。

金属的一个鲜明特点就是具有耐用性，一般都能保存千百年之久，为历代考古学家提供了大量的考古资料。金属还具有导热性、磁性以及热膨胀性等多种特性。金属的弹性，使形态的变化方面带有巨大的潜力，不仅能够被捶打、拉伸、冲压塑造成各种各样的形状。同时也能够以热加工的方式，通过翻模浇注成形，还能够利用机器等手段对其进行车、铣、刨、钻、磨、镗等，使制品的外观造型和表面效果变得更加契合技术的需要。

3. 塑料造型感觉

塑料与不锈钢一样，都是一种比较具有现代意味的设计材料。现代设计史中出现的那几件具有标志性的作品，如瓦西里椅、潘顿椅等，使用的材料就是钢管与塑料。塑料被广泛地应用到日用品、家具、家电等多个领域中。作为一种高分子合成材料，塑料具有很好的可塑性，而且原料十分广泛，性能比较优良，比较容易加工成型，加工的成本也较为低廉，适合进行批量生产。通常的塑料制品都具有透明性，带有光泽，并且可以随意进行着色，不易变色。塑料还具有质轻、耐振动、耐冲击、绝缘性好、热导率低与耐腐蚀性等多个特点。其缺点是容易遇热发生变形，易老化。

塑料大体上能够分成两种：一种是热塑性塑料，它在加热或加压后容易出现不同程度的软化，可以进行多次重复加热塑化；另外一种主要是热固性塑料，它在凝固过程中会出现化学变化，之后塑料的形状就会固定下来，之后再对其进行加热，形态也不再发生变化，即使在溶剂中也不容易发生溶解。

塑料造型根据其设计的特点，主色的不同，给人们的感觉也会不同。如图 5-28 中的三个动物造型产品，由于其造型不同、颜色各异，人们在看到它们的时候也会产生不一样的感受，白色造型表现的是疑惑，粉色造型表现的是惊讶，而黄色造型表现的是无所谓的感觉。

图 5-28　塑料造型类型

4. 玻璃造型感觉

玻璃主要是指熔融物冷却凝固之后得到的一种非晶态的无机材料。在工业上得到的大量普通玻璃主要是以石英为主的硅酸盐玻璃。如果在生产过程中再加入一些适量的硼、铝、铜等金属氧化物，则能够制成性质各异的高级特种玻璃。玻璃如同金属、塑料一样，也具有比较强的可塑性，在高温下能够熔化成黏稠的浆状液体，冷却之后则可以获得模具的形态，包括表面的细节等。

玻璃的表面通常比较光亮，给人一种光滑的感觉，具有一定的透明度，同时还具有明显的坚硬、气密性、耐热性等多种特性，但是受到外力之后容易碎裂。玻璃和人们的生活生产存在十分密切的关系，如家居器皿、家具等，都能够采用玻璃加工制作（见图 5-29）。

图 5-29　玻璃制品

玻璃在不同的加工工艺条件下，形成的形态特征也存在很大的不同。吹制的玻璃形态大多都有圆滑、流畅的表面轮廓，而通过铸或者压的方式制成的产品则更易形成直角与硬边形态。

5. 纤维造型感觉

纤维和人们的日常生活存在紧密的关系，它们是一种最古老的设计材料类型。衣服、竹篮、架子等都能够使用多种动植物的纤维加工制成。因为其能够将纤维视作线状或者可以被纺成线状的东西，所以，通常都会把它和纺织品联系在一起，与毛毡制品相对立。纤维往往能够有自然纤维与合成纤维之分。自然纤维主要包括丝绸、棉麻、亚麻、羊毛等，而合成纤维主要为尼龙等多种材料（见图 5-30）。

图 5-30　编结而成的灯罩

材料给人们带来的感觉体验能够从三个方面进行理解。

首先，材料本身并不具备情感，它的情感主要来源于人们对材质所产生的感受，也就是我们日常生活中经常说的质感。如果说材质是材料自身的结构与组织，那么质感则是人们对材料所表现出来的特性的一种感知，主要包括材料的肌理、纹样、色彩以及光泽等。例如，玻璃表面具有一定的光滑度、透明度，产生了透光、折射、反射等其他效果，使玻璃制品能够在明亮的环境中显得更加璀璨夺目、光彩照人，视觉直观上也能够激发出人们对其的喜爱之感。

其次，不同的质感可以给人带来不同的感知，这种感知甚至还能够引起人们一定的联想，使人们对材料形成联想层面的情感。例如，钢管虽然能够导热，但是其摸上去却是凉的，这种材质表现出来的光滑和反光，通常都能够使人产生工业化、冷漠的联想。相比之下，那些具有一定自然纹理或肌理的木材、织物、皮毛等材料，尽管不能导热或者导热速度慢，但是能给人一种温暖的感觉，具有人情味（见图 5-31）。

图 5-31 竹椅

最后，人类多年来都在利用材料创作产品的经验告诉大家，材料的选择同时还应该兼顾物质和精神两个方面的需求。从客观物质方面来讲，选择材料首先应该考虑各种材料的特性及其加工的方式；从文化与精神方面来讲，材料选择还应该根据材料在千百年的造物史中被赋予的多重意义。例如，中国人对玉器的喜爱要远甚于其他国家，虽然有玉器的色泽莹润、质地坚硬这一方面的特性给人带来的舒适视觉与触觉感受，但是更多的则是由于人们“以玉比德”的文化底蕴，赋予了玉器更多的精神象征（见图 5-32）。

图 5-32 玉器的造型设计

第三节 产品综合造型设计

一、产品仿生设计

（一）产品仿生设计概述

人类从蒙昧时代进入文明发展时期是在模仿与适应自然发展规律的基础上形成的。回顾中国古代文明发展史，很容易就能看到人们较早就留下了对大自然进行模仿的痕迹。从远古时期的原始人构筑人首龙身、人面鸟身等现象，到现实生活中运用各种动物的形态作为原型进行实用器皿的设计，如牛形灯，猪、鹰形壶等。从神话传说中所描述的羽化飞天，再到春秋战国时的鲁班根据草叶边缘“悟”到的锯齿原理等，大量的事例告诉人们，对自然中的生命或者外在形态与功能进行创造性地模仿，能够推动生产力的发展。

大自然是人类进行创新的重要源泉，人类最早时候的一些造物活动都是以自然界中的生物体作为蓝本的。通过对某种生物结构以及形态进行相关的模仿，从而达到创造新物质形式的目的。由于仿生模拟设计主要是人们通过对大自然中的生物体进行相关研究之后，作为向生物体索取设计灵感的一个重要的手段，所以仿生和模拟设计不但能被极为广泛地应用到材料、机械、电子、能源、环境等多种设计和开发领域范围中去，同时在工业设计过程中也具有极为重要的推动作用（见图 5-33）。

德国著名的工业设计师柯拉尼可以称得上是一位十分成功的仿生设计大师，由于他长期以来都对鸟、虫、鱼等生物的形态进行研究探索，同时还具备比较精深的空气动力学知识，所以他设计的很多产品形态大都是以自然中的生物形态作为原型而创作的。如飞机的形态就是取自于鸟类展翅飞翔的动态，汽车、摩托车等常见的陆地交通工具形态大多都是取自于一些动物自由奔跑过程中的姿态，使产品的形态变得更加亲切、宜人、充满生机。

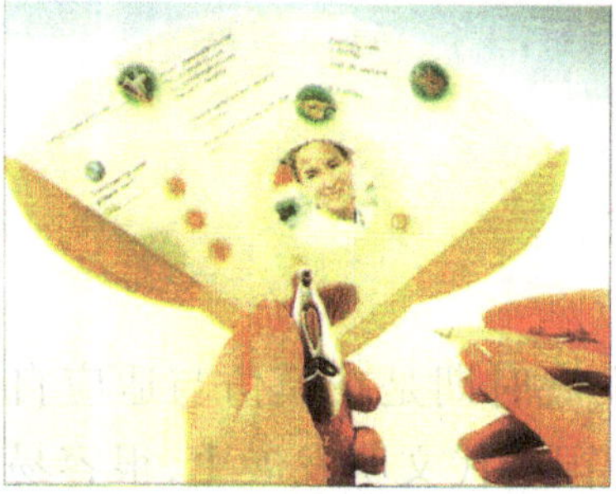

（a）ZUZUPETAL 数字设备

（b）便携式计算机

图 5-33 仿生学的运用

仿生与模拟设计可简单地理解为只是对自然界的生物体照搬和模仿。实际上，模拟仿生设计主要是在深刻理解自然物的基础上，在美学原理以及造型原则的作用下形成的一种具有高度创造性的思维活动。在产品的形态创意过程中，运用仿生模拟的造型手法可以参照以下步骤进行。

（1）对某些生物做出更为深入的研究分析，找出其形态特征中最具有本质的要素类型。

（2）在提取形态要素的基础上，对一些视觉特征进行适度的夸张，以强调要表现的主体内容。

（3）形成雏形。在这一形态基础上再做出反复的构思，以创造出新的二次，甚至创造出多次的形态。

当然，在运用仿生和模拟的造型方法进行形态创意的过程中，一定要按照需要设计的产品内容，否则设计出来的形态只是停留于图板上而不可能变成现实。

在自然界中，生物经过一个十分漫长的进化时期，各具有其复杂的结构以及奇妙的功能系统。例如，直升飞机主要是仿照蜻蜓的形态、羊角锤主要是模仿羊角的形状、蛙人的服饰主要是模仿了青蛙的皮肤等，不胜枚举。这些事例充分说明，自然界中到处都充满了活生生的“优良设计”实例(见图 5-34)。

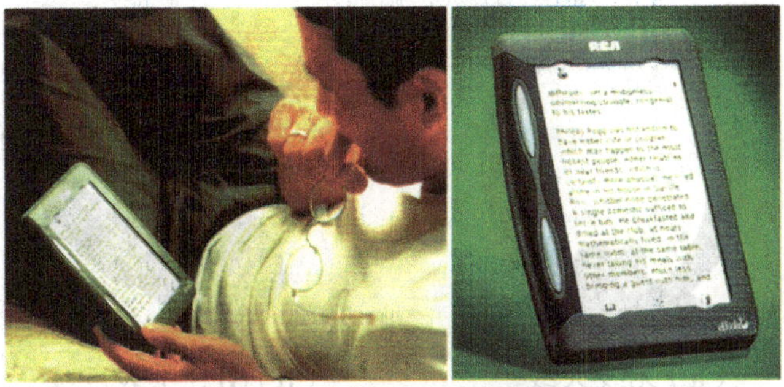

(a)eBooK 电子书阅览

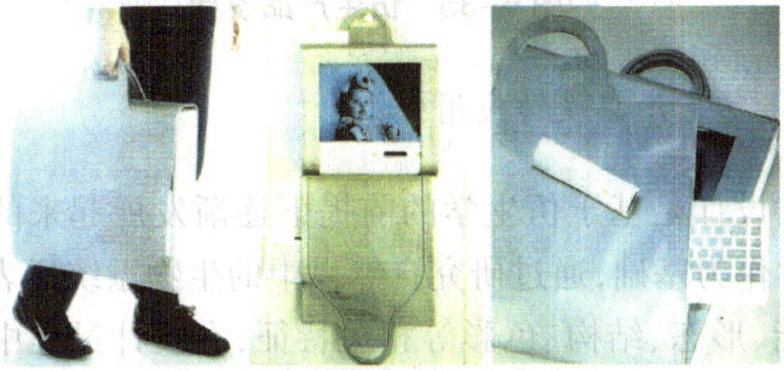

(b)网络电视笔记本

图 5-34　优良设计

自从 20 世纪 60 年代初期人类创造了仿生学以来,人们模仿了生物的某种结构与功能原理,进行现代事物的创造。譬如,苍蝇的眼睛为复眼,从而制成了“复眼照相机”;蝙蝠在飞行过程中之所以能够躲开障碍物,是因为它们能够发射与接收超声波。于是,人们研制成了超声波探测仪、超声扫描仪以及鱼群超声探测等多种超声波设备。再比如,人们发现了鱼腹内的鱼泡在膨大或者缩小的时候可以让鱼体沉浮,便仿照这个原理发明了潜水艇。当然,仿生设计的有关知识很多,如海豚皮的结构可以极大地减小水的阻力,人们就利用仿制的海豚皮,将这种皮包在鱼雷的表面,减小水的阻力,使其推进速度增加一倍。

人类从大自然的动植物中获得了一定的启发之后,进而以仿生的方式创造出新的产品,主要是在其形态、功能、结构、界面四个方面进行仿生。如今,仿生设计正在不断发展成为产品设计的大趋势(见图 5-35)。

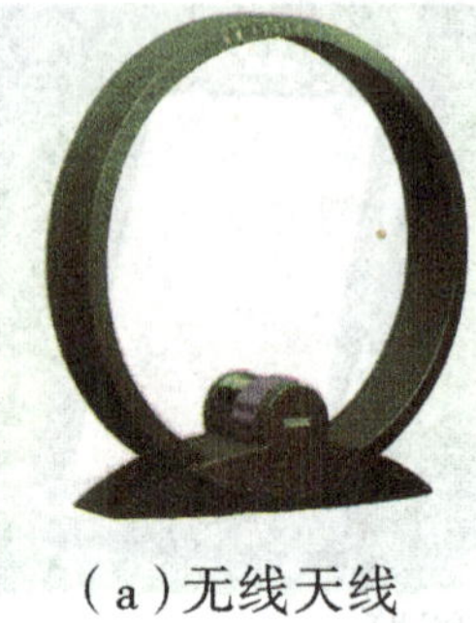

(a)无线天线

(b)GPS 手表

图 5-35　仿生产品设计

（二）仿生产品设计应用

仿生设计是基于仿生学的前提下逐渐发展起来的。它主要以仿生学作为基础,通过研究自然界中的生物系统所表现出来的优异功能、形态、结构、色彩等相关特征,在设计过程中有选择地添加相关的原理与特征。

现代社会文明发展的主体是人和机器。人在这种高度文明中导致生态失衡状况下也在极力反思并努力追求一种新的出路,建立起人和自然、机器之间的对话平台,师法自然的仿生设计就是一种良策和新理念。对于当代的设计师而言,培养新形态观是十分有必要的,师法自然也就是要向自然进行学习,大自然属于天然形态的重要创造者。千百年来,在大自然的威力作用下造就了纷繁复杂、千变万化的形态,其中不乏美的形态。人类在对大自然和自己生活环境的改造以及创造自身生活形态的同时,一定要从自然物与大自然中获得设计灵感。人类自从文明开始就在不断地努力学习自然、学习蜂窝结构、学习蜗牛筑壳等。

仿生设计的产生,是人们不断向大自然学习的过程中,经过一系列经验的积累,选择以及改进其相应的功能、形态等,从而创造出一个更优良的人造物。特别是在现在信息时代,人们对产品设计的要求和过去有很大不同,不仅要注意功能的优良特征,同时还应该追求形态的清新、淳朴,并且也需要注重产品的返璞归真与个性发展。现在我们大力提倡仿生设计，不仅创造出一种功能完备、结构精巧、用材合理、美妙绝伦的产品，同时赋予产品形态一种生命的象征，使设计可以回归自然，增进人类和自然之间的协调统一（见图 5-36 和图 5-37）。

图 5-36　数码相机

（a）胶片打印机　　　（b）手帕形电视

图 5-37　仿生设计在产品中的应用

归纳起来，现代工业设计中的仿生主要表现在以下几个方面。

1. 形态的仿生

大自然是最完美的设计，它由各种可感受的形态所构成，自然界中生物的形态受到宇宙自然法则的主宰，同时也是设计创造过程中永远取之不尽的源泉。自然界中的生物形态构成多是遵循其固定的运行法则，并且也被人类有意或无意地运用到物体的设计过程之中，历史上一些比较经典的传世之物基本上都隐含了黄金分割的规律，我们的形态仿生就是利用抽象了的自然形式。

2. 功能的仿生

人们发现，动植物在某些方面具有一些新的功能，实际上已经远远超越了人类自身在这一方面的科技成果。在创造物质文明的过程中，人类往往要把生物的某些特性运用在创造发明过程中，例如按照蛙眼原理，科学家运用电子技术创作出了雷达系统，可以比较准确而快速地识别有关的目标；仿狗的鼻子嗅觉灵敏的功能，人类创造出了电子鼻孔来检测出极其微量的有毒气体等。这些成就的取得是令人惊叹的。

虽然如此，自然界的动植物千万种，其中有很多高超的技能和奥秘至今人们还没有完全掌握，但可以相信，随着仿生技术的不断发展，各种仿生发明也会源源不断地被大量运用到人类的生活中（见图 5-38）。

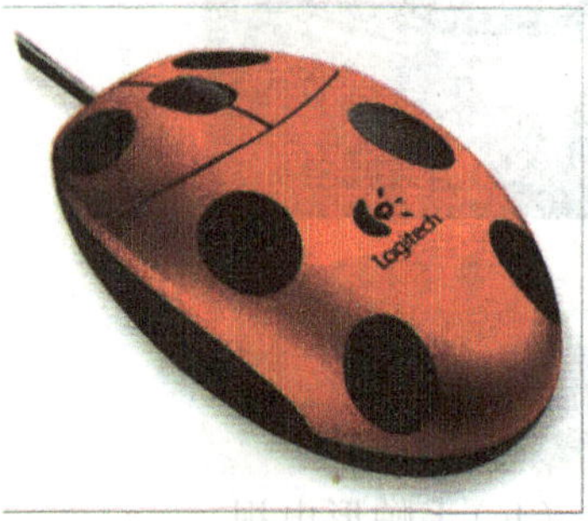

（a）瓢虫鼠标

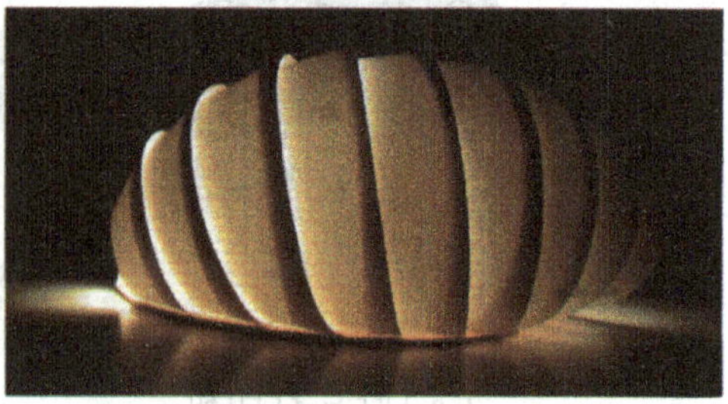

（b）肉虫式灯具

图 5-38　产品的功能仿生设计

3. 结构的仿生

随着仿生学的不断深入开展，人们不仅要从外形、功能方面模仿生物，而且从生物奇特的结构以及肌理中也能够得到很多启发。有的结构十分精巧，用材极为合理，符合自然的经济原则；而有的甚至是按照某种数理法则形成的，合乎“以最少材料”构筑“最大合理空间”的有关要求，这些都是人类在设计过程中需要借鉴的“优良设计”典范。

二、产品绿色设计

20世纪末期，全球范围内掀起了一股“绿色浪潮”。“绿色浪潮”起源于人们追求“绿色消费”的理念，主要针对和人们日常生活息息相关的消费品，如绿色食品、绿色日用品、绿色服务、绿色设计、绿色制造等。

（一）绿色设计的理论状况

1. 绿色设计的概念

绿色设计是20世纪80年代末期逐渐在国际上出现的一股设计潮流，社会的可持续发展的要求，预示着绿色设计必定会成为21世纪产品设计的热点。

绿色设计主要的关注对象是对自然造成的影响以及解决这些单独的问题，如资源与能量的利用率，通过回收减少废弃物等。绿色设计通常也被人们称作生态设计、环境设计、生命周期设计或者环境意识设计等。绿色设计也可以视为是一种以绿色技术为原则而进行的产品设计。

概括起来，绿色设计其实就是在产品整个生命周期中，充分考虑到产品的环境属性（可拆卸性、可回收性、可维护性、可重复利用性等），并将其作为设计的目标，在满足环境目标有关要求的基础上，保证产品应该具备的功能、寿命、质量等。

由于绿色设计能使产品生命周期内的环境影响达到最小，并能充分合理地利用各种资源，符合可持续发展的要求，因而具有广泛的应用前景。可以肯定地说，绿色设计和绿色制造将会成为21世纪制造业的一个重要特征（见图5-39）。

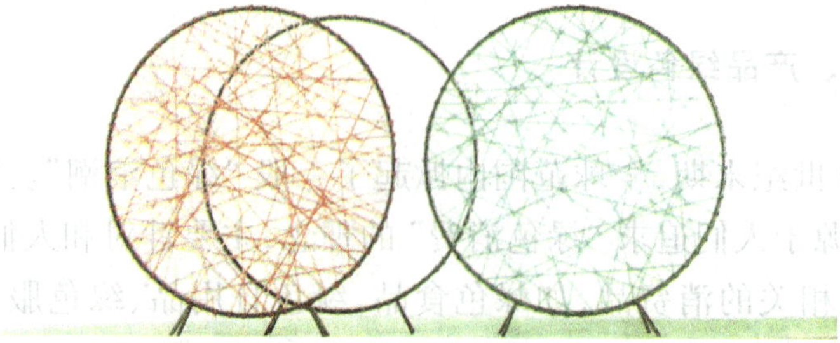

图 5-39　线形椅

2. 生态设计

生态设计也可以被称作生命周期设计，也就是利用生态学的有关思想，在产品的生命周期中优先考虑产品的环境属性，除了考虑产品的性能、质量以及成本之外，还应该考虑产品的回收与处理。同时也应该充分考虑到产品的经济性、功能性以及审美等特征。产品生态设计的基本理论基础是产业生态学中的工业代谢理论和生命周期评价。

3. 可持续设计

我们并不能够简单地认为采用一些比较明显的可回收材料的产品就必定是“绿色产品”，因为产品的可回收性或许能够成为加快产品废弃速度的借口。人们对可回收材料的外观的认可程度，通常也会对产品的销售产生一定的影响。

最近频繁出现在国际的一个新名词——“可持续发展”，说明人类除了要面临能源危机、生态失衡、环境污染等诸多问题之外，甚至还需要面临人类自身的生存问题。在设计理论界中已经有人提出了“适度设计，健康设计”的理念。

所谓可持续设计，就是指在生态哲学的指导下，将设计行为纳入“人—机—环境”系统，不但实现了社会价值，同时也保护了自然价值，促进人和自然之间的共同繁荣。也有人将其称为“循环再生”设计，表示其设计不只是为了人类的产品而进行的设计，也需要为自然、人类以及自然的和谐生活方式而设计。可持续设计是一个范围十分广泛的设计方式。涉及多个方面的内容，诸如怎样在保证产品功能的同时,尽可能地减轻这个星球的负担。其中的一个典型理论是,提高产品效率的同时,推动与之相关的服务系统快速发展。考察产品对用户的必要功能,延长产品的寿命;对产品整个系统的可持续性的发展进行设计,比只是对产品自身进行设计更加重要。可持续性产品设计的重点就在于影响产品生命周期的外部因素(见图 5-40)。

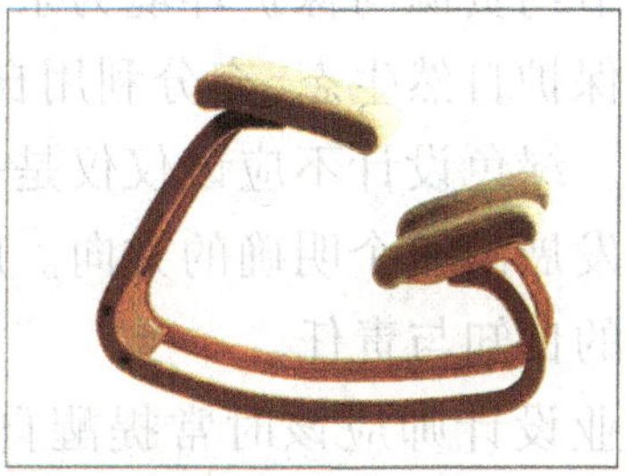

图 5-40 单人运动车和凳子

可持续设计是设计观念的又一次演进和发展。在产品达到其特定功能的基础上,材料、能源在制造、使用过程中消耗得越少越好,产品在使用的过程中或在使用之后对环境的污染越小越好。如德国的西门子公司开发出了碳氢化合物的制冷技术,成了"绿色制冷"的典范。

同时,可持续设计还需要充分考虑合理使用材料,以最为贴近自然的、对人体无害、节省能源的材料,最大限度地满足产品相关功能的需要,以最少的用料实现其最佳的设计效果。

4.4R 理念

4R 理念属于绿色设计的一个新范畴,也属于一种新的绿色设计方法,4R 由英文的 resume(回收)、recycle(再循环)、reuse(再利用)和 reduce(减少)的每个词的第一个字母组合而来。这四个词的词义构成了现代环保设计(绿色设计)的内涵之一。4R 理念的意义在于设计必须充分考虑产品原材料的特性和产品各部分零件容易拆卸,使产品废弃时能将其材料或未损坏的零部件进行回收、再循环或再利用。“减量”的含义是：在设计开发之初，尽量减少资源的使用量，将生产产品所需材料降到最低限度。在产品设计时要尽量做到简洁、明快、适度，细部设计要质朴而不乏精致，体现出高雅的设计品位。

（二）绿色浪潮下的产品设计

绿色产品开发主要是从绿色产品的设计开始的，绿色设计主要是以节约资源与保护环境为宗旨的一种设计理念与方法，它重点强调保护自然生态，充分利用自然资源，做到以人为本，善待生态环境。绿色设计不应该仅仅是一个提议，它应该成为现实文明与未来发展的一个明确的方向。所以，绿色设计是现代设计师应该具备的良知与责任。

工业设计师应该时常提醒自己：设计能不能减少人类给环境造成的压力？是否能够保护自然资源？是否能够抛弃不切实际的设计？是否属于民众真正需要的产品设计？能否能用少量的能源发挥出更大的功能，以此来保护不再生能源（见图 5-41）。

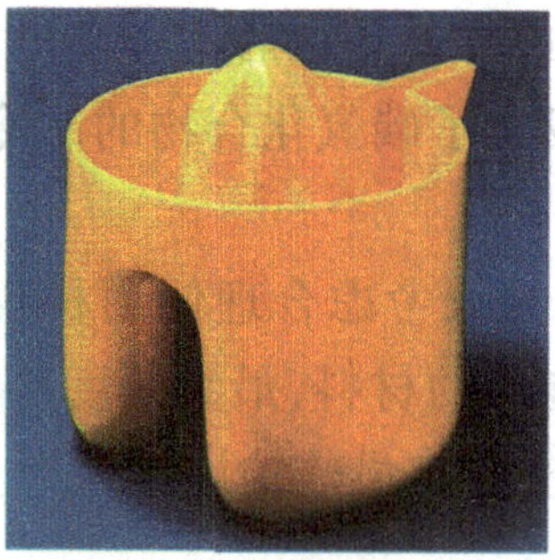
（a）榨橙器

（b）手摇电筒

图 5-41　绿色浪潮下的产品设计

总之，现代人对设计的理解，已经不再是怎样实现产品的功能、材料、结构、形态、色彩、工艺、包装、运输、广告、销售以及售后服务等，同时也将参与生活的思维导向设计中去，使设计可以帮助人们创造出一些更为合理、美好有效的生存、工作以及学习方式，特别注重的是设计中的“环保”因素——以可持续设计引导的“绿色消费”。消费需求因为商品匮乏时所追求的“量的满足”逐渐转向了商品总量增加之后追求“质的满足”,从而转向目前追求“感情的满足”这个阶段。因此,“以人为本”“可持续发展”等有关设计新理念的出现,不但可成为一个国家当前工业水平、现代化发展进程、文化普及高低程度的典型标志,而且也体现出了消费者对一些比较简便舒适快捷生活方式的个性化追求以及对当前生活环境的极大关注,所以,未来的市场中蕴藏了更多的商机,实际上是有多方面联动的效应,谁可以超前把握人们现代生活的理念变化,谁就可以在新的较量过程中成为强者与胜利者。

三、产品概念设计

(一) 概念设计概述

概念设计的主要目的就是要制定出一个“新产品”的原则,这些原则一方面需要满足消费者的有关需求,另一方面要不同于市场上的现有产品。概念设计应该表达新产品将如何实现它独有的最大可能性的优势。要获得最佳的概念设计,首先必须界定新概念的独特的核心优势;其次必须要能够很好地理解消费者的有关需求以及竞争产品所具有的特点。

概念设计不考虑当前的生活水平、技术以及材料,而是在设计师可以预见的能力范围之内考虑人们将来的产品形态,属于一种开发性的构思,主要是着眼于未来,从根本概念开发的一种设计。概念设计也是当前工业设计范围内的一个十分重要的方面,在一些国外的大公司中,产品设计部门主要包括概念设计、详细设计、制造设计。由此可知,产品的概念设计在公司中的主导地位与重要性(见图 5-42)。

图 5-42 产品的概念设计

概念设计是在设计过程中对设计目标的首次结构化、基本的、粗略的但是全面的展示,它充分描述了设计目标发展的基本方向与轮廓,也是衡量验证产品设计是否可以满足产品需求目标的一个重要手段。要想获得一个最佳的概念设计,首先就需要界定清楚概念的独特核心优势,其次一定要很好地理解消费者的相关需求以及竞争产品的有关特征。有了这些基础之后,概念设计才可以提出有关新产品的功能原则与美观原则。

（二）产品概念设计的定义

产品概念设计理论的提出是在 1984 年,截止到现在,人们已对概念设计做了长达 20 多年的研究。

在理解概念设计以前,需要先了解一下概念产品的有关含义。对于概念产品含义的理解,在国内外的有关学术界都存在不同的观点,其中比较普遍的认识就是:概念产品是在充分满足预定功能的前提条件下,各个原理部件在空间或者结构方面的有机组合整体类型,通常强调它仅仅在原理层次方面的反映功能,而不需要具备太精确的三维结构方面的信息。

概念的设想属于一种创造性的思维体现,概念产品是一种十分理想化的物质类型。产品即人的观念上的物化,设计就是一种思维的行为。每一个新产品的开发通常都需要经历概念设计的过程,也大都应用了最新的科学技术,即便是有些新技术并不是太成熟。通常而言,产品的概念设计都能够分成产品功能的概念化、设计概念的可视化以及概念设计产品化三个常见的阶段。

首先，功能的概念化主要是先产生一个设计的概念，在产品概念设计之前我们会将产品的功能划分、定位、目标客户、价格区间等相关的概念采用文字或者草图的方式确定下来。

其次，设计概念的可视化主要是指将文字与形式的产品概念定义。通过图样和样机的模型转化为一种更加直观、更容易被大众所理解的可视化形态，即将设计的概念具象化展现出来，使原来的“无形”概念变成一种“有形”的概念产品。设计概念的可视化是一种最为核心的任务，其设计结果的好和坏都与设计师在美感、创造力以及经验方面存在极大的关系。

最后，概念设计的产品化主要是指一个对概念产品再设计的过程，概念毕竟属于概念范畴，它和能够实际生产出来且被人们所使用的产品之间存在一段较大的距离，是一个将富有创意的概念转化成现实的过程。

为了可以更好地接近产品市场的相关需要，当前国际上比较流行的一种“故事版情景预言法”的概念设计，就是把所要进行开发的产品放在一定的人、时、地、事以及物体中加以观察、预测、想象与情景分析，从而采用故事版的形式展现给大家。

这种方式所设计出来的相关产品，可以使人更多地了解产品的直观的、亲切的以及交互的感受，极大地减少了产品投放市场时的风险性，也为企业的决策人寻找到一种商机、判断概念产品是否可以进一步得到开发和生产，提供了一个更好的依据（见图5-43和图5-44）。

（三）概念设计的作用与特点

概念设计一个最主要的作用就在于产品的设计创新，如果在设计过程中没有一个新的创意，概念设计也就没有了它的意义。一个合格的产品设计师在产品造型设计前都需要对自己要设计的产品设定出一个全新的产品概念定义，而这个新的产品概念定义通常都需要包含一个比较大的范围，其主要目的是让设计师在产品设计的初步创意设计阶段可以不受到太多的外来因素束缚，以便能使设计更具有新意。

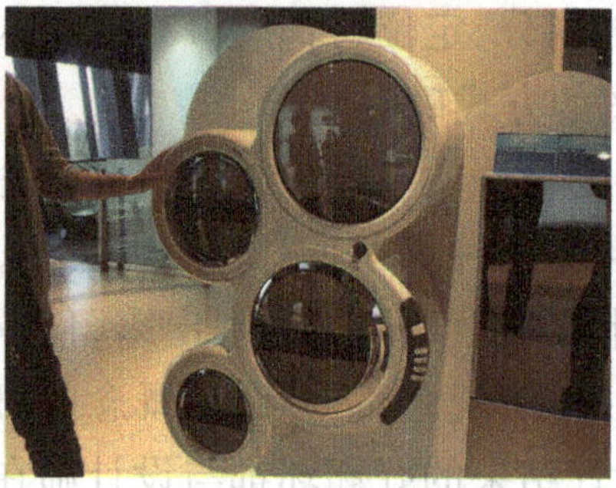

图 5-43 概念洗衣机

图 5-44 概念车设计

比如，对一个电话机进行设计，如果我们将设计的有关概念定义成一个电话机，那么在设计前通常都会在头脑中出现很多传统的电话机形象：一个机身，主要由听筒、拨号键以及电话线组成，这样在设计的时候我们就会被原有的电话机形态所固，也就比较难形成新的突破。可是我们将新的设计定义成信息传递机器的一个更加宽泛的概念，那么在做设计的时候就能够发现我们头脑中的一些传统的电话机形象已经消失了。有了这么丰富的概念，创意思维的空间就几乎被无限地扩大了。

概念设计还极为方便企业内的各个部门之间在新产品上市之前进行协调和沟通，从而降低新产品研发的风险。除此之外，概念设计还能够极大地提升企业的形象，因为概念设计都具有一定的超前性，它通常以代表未来产品的流行趋势为主，概念产品在技术方面往往也要表现出科技发展过程中的最高水平，使人们能够比较容易联想到设计出它的企业具有很高的产品研发能力。由此可知，有很多企业开发概念产品并不是为了产品的生产，而是将一些概念产品设计用在自身企业的广告宣传方面，以便能够达到提升企业自身形象的目的（见图 5-45 和图 5-46）。

图 5-45 苹果第八代概念手机

图 5-46 概念吊灯

（四）产品创新的概念设计

产品创新的关键就在于构思创新产品的概念，产品的概念发展和产品的设计是一个产品在创新过程中起到决定性作用的阶段。概念设计的过程中，其主要任务和内容是概念产品在发展过程中必须要经历的阶段，即需求设计与概念设计。需求设计的主要目的就在于通过商机分析定义出对产品概念设计的相关需求，也就是设计出能获得商业机会的价值的有关特征的要求；而通过概念设计设计出的概念产品，应该是需要实现上述需求的技术设计，以便能够进行确认和验证，产品的创新必将能够满足企业的市场期望——在概念设计过程中，设计中存在很多不确定的因素，设计表现出来的可塑性和自由度都比较大，是最能够发挥出创造力的阶段。

在概念设计的阶段，工作能够高度体现出设计所具有的艺术性、创造性、综合性。随着时代的不断发展进步，设计的难度也在日益增加。其主要可以体现在两个方面：第一，难以全面而准确地捕捉到当今市场现实与潜在的需要；第二，很难充分把握住众多有关领域的技术发展成果。

构思具有很大的吸引力，创新产品概念同时也是降低创新过程风险性的一个首要因素。一个具有吸引力的创新产品功能和产品创新过程的关键性紧密相关。创新产品需要能够满足顾客的相关需求，为顾客提供最大的市场和使用价值；它应该可以与现在的或潜在的替代产品进行竞争，在能够充分满足顾客需要的前提下，可以让企业获得最大的盈利；创新产品应该与目标市场保持一致，与企业的核心能力以及价值观保持一致。

在需求设计与概念设计的基础上，应该用计算机技术与人工智能技术，建立起一种计算机支持的概念设计系统（见图 5-47）。

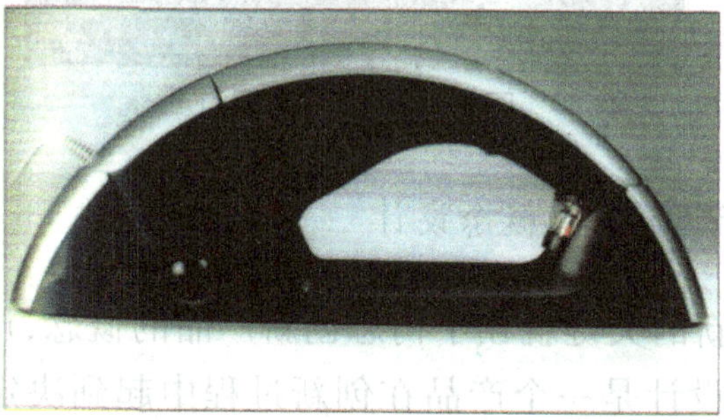

图 5-47 AMC 电吸尘系统

（五）概念设计中的创新方法

概念设计最大的特点就是创新以及标新立异，概念设计通常都要带有一定的创造性，概念设计的主要目的就是去创新，因此它应该努力突破原有的设计风格与设计形式。概念设计过程中出现一些标新立异的形式有其客观必然性。在一个产品概念的设计时期，设计师往往是能够做到不受技术、材料成本市场等多种客观条件限制的，而是在所能预见的范围内着眼于未来产品的设计。所以，创造性属于概念设计的主要前提，设计师可以充分发挥出自己最大的潜力做出设计创新。创造性设计方法可以分为很多种，我们在这里只针对其中的一小部分进行举例说明。

1. 功能联想

功能联想主要是指在产品开发的时候，能够联想起来一部分老产品开发成熟的技术功能，通过联想将这种技术转移并和产品联系到一起，从而开发出一个全新的产品。联想可以分为接近联想、类联想以及比联想等形式。比如，我们日常生活中比较常见的金属伸缩天线就是成熟的老产品，所以人们在发明教鞭的时候便想到将其移植过来，从而发明了新的教鞭形式，用在台灯支架上则变成了支架能够伸缩的台灯等带有全新功能与造型的新产品（见图 5-48）。

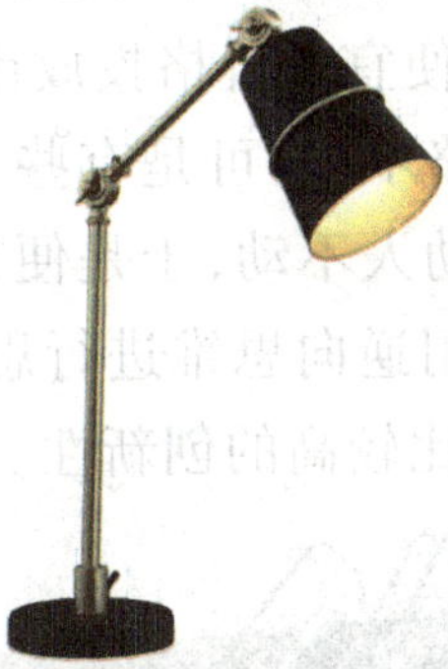

图 5-48 伸缩台灯

2. 复合重组

复合重组主要是将两个或更多个产品及其功能叠加到一起加以重新组合，如将铅笔与橡皮进行组合形成了橡皮铅笔；收音机加上录音机的功能，再加上激光唱机以及功率放大器就形成了新的形式——组合音响；门铃上添加上摄像头和对讲机就可以变成可视对讲门铃等（见图 5-49）。复合重组有时就是将一些比较简单的功能进行组合；而有些则是比较复杂的重组，如将计算机的主机、音响、话筒、摄像头等多种配件组合到一起就成了新的多媒体系统。

图 5-49　可视门铃

3. 逆向思维

逆向思维就是要将原有的思维定式与顺序打破，反常规进行逆向思考问题，这样做就比较容易开发出一些功能十分独特的新概念产品。例如，一次性使用产品，它们不仅能够起到防止传染的作用，同时还能以较便宜的价格投放市场。再如我们在日常生活中主要呈现为人动路不动，可是有些人则反过来，采用逆向思维去思考能够做到路动人不动，于是便发明出了自动扶梯（见图 5-50）。实践证明，采用逆向思维进行思考能够产生很多重要的发明成果，通常都带有比较高的创新性。

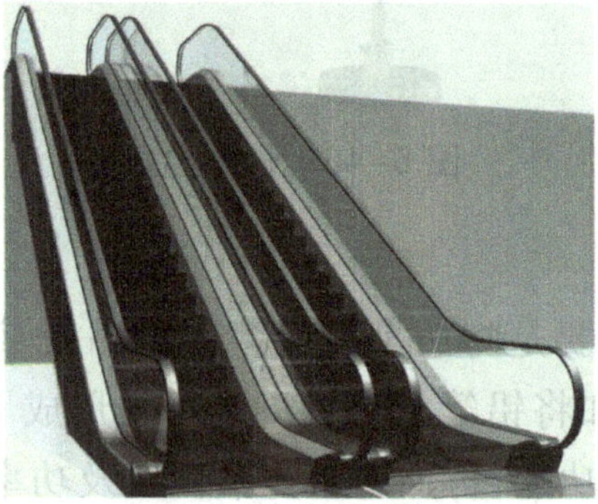

图 5-50　自动扶梯

4. 扩大缩小

扩大缩小也是一种比较成功有效的创新方法。例如，卫星定位仪（GPS）安装在手表上，就可以成为卫星的定位手表；还有能够缩小到仅相当于一张名片大小的数码相机，都能够让这些产品的携带与使用十分方便。将某些产品放大则能够产生新的功能，也属于一种创新，如将瓶刷子放大安装在汽车上，就设计出了清扫车（见图 5-51）。

图 5-51　清扫车

5. 缺点举例

缺点举例主要是指收集各种产品进入市场之后所能暴露出来的缺点与问题，只有找到了有关的问题，才能够提出有关问题解决的方法，之后再将经过改良的新产品投入到市场中。在新产品开发的阶段也能够采用这种方法，对设计提出各种各样的方案并做出缺点举例，找出产品所存在的有关问题，从而开发出各种比较方便实用的新产品。以前的计算机键盘在夜晚不开灯的时候使用起来十分不方便，后来就设计发明了带背光的键盘（见图 5-52）。这些发明都是产品自身的缺陷所带来的技术创新。

图 5-52　带背光的键盘

四、产品细化设计

（一）超小型设计

所谓的超小型设计，并不是以损失产品应具备的有关功能和一定要满足的技术指标为代价的，它需要在保证产品的原有功能和技术指标基础上，尽可能地缩小部件的相关体积、减小间隙去实现。在进行超小型设计的过程中，新技术的应用应该放在首位进行考虑。如超小型的激光唱片机的发明出现，如果没有数字化的光盘处理技术、微处理器技术以及高精度的高速反应的伺服技术加以支持，这些都是不可能实现的（见图 5-53）。

图 5-53　超小型唱片机

但是，超小型的产品设计并不是一切产品都可以采用的方式，例如，高品质的音频再生系统就不可以采用这种形式，因为这样能够大幅度地影响到它应具有的功能。

超小型设计的产品通常都是十分小巧玲珑的，还给使用者带来很多方便，也是广大人民群众喜欢接受的形式，对设计师也产生了极强的诱惑力。如果能做出超小型设计的相关产品，总是会毫无例外地存在这个“小兄弟”。

（二）袖珍型设计

袖珍型包括超小型，但是超小型就不一定是袖珍型。袖珍型设计往往是对那些随时随地都需要，而且使用时操作比较频繁的产品所提出的有关要求，希望能够拿在手中进行操作，放在口袋或手提包中就能够带走。这一类的产品包括电子记事本和各种计算机等（见图 5-54）。这种设计通常都较普通的超小型设计更加方便，所以也就更能得到消费者的青睐。

图 5-54　袖珍型照相机

（三）便携型设计

所谓便携型，主要是针对某些需要常常进行改变放置场所的较大型产品而言的。在设计过程中，在不影响产品的使用功能基础上，尽可能使机构或者其中的大部件逐渐趋向小型化、轻量化，使原先比较难以挪动的产品变成了可以很方便地单手携带的产品（见图 5-55）。

图 5-55　便携式音响

但是，对于一些便携型的产品而言，通常都不能对体积缩小抱有太高的期望，否则就会影响它的功能或者性能。

（四）收纳型设计

收纳型设计的主要目的是针对那些使用频度比较低，而且需要带一些活动机构的工具，为了可以方便在大多数不使用的状态情况下进行整理、收纳、搬送等，设计成了一种收纳的形式（图5-56）。能够设计成这类形式的产品主要包括家用电影放映机、幻灯机等。有时候部分使用频度较低的成套式产品也会设计成一种收纳的形式。如果产品在绝大多数时间都是不工作的状态，就会很少设计成收纳型的。

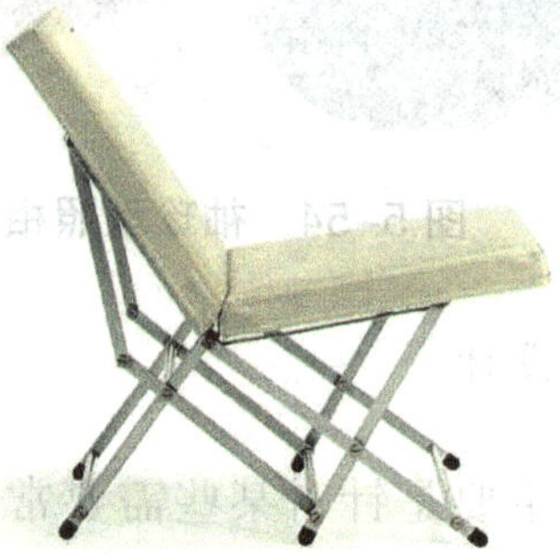

图 5-56　折叠收纳设计

（五）装配式设计

平常生活中处在使用状态的大型用具，为了在不使用的时候符合整理、收藏和搬运等方面的需要，往往会设计成装配式。装配式用具在不使用时能够肢解为若干的部件，需要使用的时候，可以在现场装配成一个完整的形式，这是装配式具备的鲜明特点。能够设计成装配式的产品大多是大型的家具，如床通常都会设计成装配式类型（见图 5-57）。

（六）集约化设计

对于像茶具之类的大量相同形式或系列化的产品，为整理、收容时空间的合理利用以及搬运的方便，应采用能够相互套叠到一起的集约化设计。集约化设计的单体都可以相互套叠到一起，所以，也俗称作套叠式。可以设计成集约化的产品大体上都是商业、服务业的有关产品，如公共场所使用的椅子、凳子等（见图5-58）；超级市场中使用的购物篮、购物推车等；在机场、码头用手推的行李车等。但是，即便是家用的上述产品，不是不充分考虑其集约化的设计，只是这个时候的必要性大大下降了而已。

图 5-57　装配式床

图 5-58　商场座椅

（七）成套化设计

如茶具、化妆品和文具用品等，不管每一单件的使用频度高低，日常生活中使用时通常都需要搭配在一起才可以充分满足生活或者工作的某种特定需要，对这个类型的产品设计应该充分考虑怎样才能给使用者在使用之后收藏时更为方便（见图 5-59）。

图 5-59　茶具套装

（八）家族化设计

家族化产品也同样是为了某一个共同使用的目的而设计的产品族。但是，它们像成套化的产品那样具有一种统一的意识，通常只需要其中的极少数部分就可以充分满足其特定的使用需求，不必追求家族产品的齐备与否，其中最为典型的家族化产品就是摄影器材（见图 5-60）。

图 5-60　摄影器材

（九）系列化设计

这种设计类型属于一种介于成套化与家族化之间的设计概念。一般而言，它不仅具有成套化产品的有关特点（无论是在购买或者使用过程中，都具有比较强的统一意识，单一部件则不能实现其所对应的功能），同时也和家族化产品一样，同一系列的产品不但具有不同的标准，而且还有相互能合理匹配的参数和指标，如组合音响等（见图 5-61）。

图 5-61　组合音响

第六章　产品创意思维的过程与创新设计

产品创意思维是一门培养思维方式的课程,其中培养创造性思维、进行创造性实践、取得创造性成果这“三部曲”可以说是产品创新设计的必经之路。至于产品创意思维是怎样产生并最终落实到实践的,这是从产品设计师至用户都十分关注的问题。本章我们将详细论述产品创意思维的过程、新产品的构思以及产品创意思维实践案例。

第一节　产品创意思维的过程

一、提出问题

爱因斯坦是举世公认的最聪明的人,他死了之后大脑还被完整地保存以供后人研究。可是研究人员并没有发现他的大脑有任何异于常人之处,那为什么他可以提出这么多富有开创性的天文物理学观点呢?

人的创造力是怎么来的?基本上是经过脑力开发来的。如果你每天都用脑,那么你脑细胞的潜力就渐渐被激发出来,越用越聪明。而现在我们要做的就是把创新当成一种习惯,通过对大脑的锻炼,使人养成一种随时都想创新、随时都在创新的习惯,改变老的思维习惯,建立新的思维习惯。

你多久没有创新了?

1天、1周、1个月……

创新思维习惯是需要训练的。首先就是训练注意、观察、思索的能力。

（一）注意、观察、思索

“注意”是对外在现象或内心思索对象的专注意识，是创意思维的第一步。其特征为：

（1）对特定事物的关注能力。

（2）对特定以外事物的“不受干扰能力”。

“观察”是对外在现象认识、记忆的过程。其特征为：

（1）从事物的不同角度进行观察。

（2）注意事情的整体与局部，注意不同的观点与立场。

“思索”是对意识到的事物的再认识、回忆、组织的过程。其特征为：

（1）“思索”不仅包括记忆力、想象力，还包括直觉等潜意识。

（2）“思索”受生理状况、外在环境、内在情绪的影响。

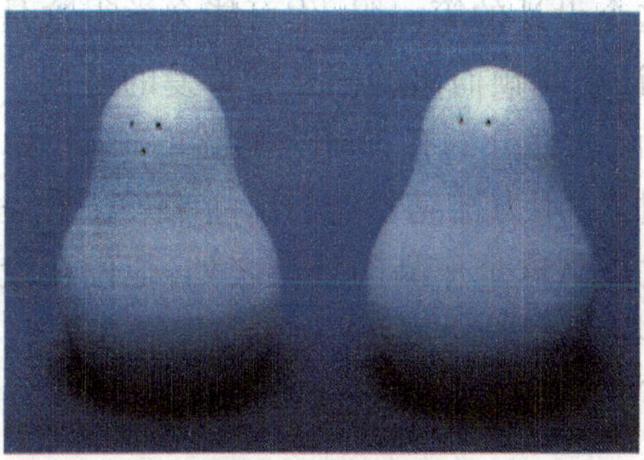

图 6-1　产品设计

比如，我们每天都在学校生活着，每天都去教室上课，去食堂吃饭，在寝室睡觉。但是你知道从寝室到教室要经过多少棵树吗？从一楼到六楼共有多少级台阶？食堂有多少个窗口，是什么颜色的？……这些日常生活中的点点滴滴我们几乎天天经历，应该是非常熟悉的了，可为什么看到刚才的问题时我们会目瞪口呆？是我们不知道，还是我们根本就没有去注意过？“看见”是什么？看见就是“要看要见”。其实大多数人在大部分的时间里都是“看而不见”的，虽然看了这个东西，实际在他们的脑海中根本就没有留下任何痕迹。为什么有些事物即使出现在我们视野里一千次、一万次，我们都能“视而不见”。其根本原因在于那些事物不符合我们的实践目的，头脑感到没有必要去理睬它们。

在某国的一个警官学校，毕业班的学员正等着毕业考试。只见考官走进教室，对着学员说：“全体注意，现在开始考试。请你们现在跑步到一楼，然后再跑步回教室。”

学员们赶快跑到楼下，然后又跑了上来。这时候考官开始问问题了：“请问，从一楼到三楼有多少阶楼梯？”能够及格的学员可能寥寥无几。对大部分人来说，楼梯只是上下楼的通道，很少有人会注意它有几级。但是对于一个警官来说，他应该具有比常人更为敏锐的观察力，能够发现别人不常发现的细节，来达到破案的目的。很多大案的侦破都是从许多不为人注意的细节开始的。

日本的一对夫妇设计出了一件名叫“雪人”的撒盐与胡椒的容器。看到这个设计的第一眼，你可能会觉得这是个很可爱的产品，但是真正让它脱颖而出的不是它可爱的造型。之前的容器都只有一个孔，而大部分的孔都开在容器的顶端，如果要撒盐就必须把容器倒过来，用力摇晃才能倒出盐来。这对夫妇注意到了这个问题——这正是这个作品的过人之处，他们在设计中改进了这一点，把孔开在了容器的侧面，这样使用者只要轻轻晃动一下就可以倒出盐了。

（二）问题意识

一般设计公司的设计程序如下。

（1）接受设计任务，明确设计内容。

（2）制订设计计划。

（3）设计调查，信息收集。

（4）认识问题，明确设计目标。

（5）展开设计。

(6)设计草图。

(7)方案评估,确定范围。

(8)效果图。

(9)绘制外形设计图,制作三维草模。

(10)人机工程学的研究。

(11)优化方案,讨论实现技术的可能性。

(12)色彩方案。

(13)方案再评估,确定设计方案。

(14)设计制图,模型制作。

(15)编制报告,设计展示版面。

(16)原型测试,全面评价。

(17)计算机辅助设计与制造(成品)。

图 6-2 电饭煲

但是日本有一家设计公司的设计程序别具一格,其设计程序是这样的:先做市场调查,然后针对调查结果设立项目、设计产品、生产,结果大获成功。它成功的关键是什么?首先做社会调查,这是发现问题,然后针对这些问题作设计。在设计中因为调查知道了市场的需要,不会发生设计出来的产品不能迎合市场的问题。比如,他们根据市场的调查结果设计了一款方形的电饭煲,推出市场后很受欢迎。但是如果不是先做调查再确立项目,设计师不会凭空想象设计出一个方形的电饭煲,而且即使设计出来了,风险也很大,一般公司也不愿意生产。

设计的目的是为了解决问题。发现问题和解决问题,你认为哪一个更难？大部分人认为解决问题更难,其实发现问题更不容易。

从上面的例子我们知道,在解决问题之前要做的首先是能够在平淡的生活细节中发现问题,然后提出问题。要做到在“视而不见”的日常生活中发现并提出问题,需要具备一个前提,那就是拥有一个独特的观察事物的角度。如何才能拥有一双锐利的眼睛和独特的视角呢？这就需要我们去培养一种品格。用王小波的话说,就是“特立独行”,就是同时拥有独立的人格和自由的思想,而自由的思想即指创造性思维。

1. 不解导向的问题意识

“看到事物,看不懂,都想要看懂”,这个问题实际很好解决,就是多问几个“为什么”。我们平时看到什么事总是凭自己的经验去理解,即使看不懂有时候也就算了,没有那种凡事都要寻根问底的精神。在日本的丰田汽车公司,曾经流行一种叫“追根问底”的方法。比如,公司的一台机器突然停了,那么就沿着这条线索进行一系列的追问：

“机器为什么不转动了？”

“因为保险丝断了。”

“保险丝为什么会断？”

“因为超负荷而造成电流太大。”

“为什么会超负荷？”

“因为轴承不够润滑。”

“为什么轴承不够润滑？”

“因为油泵吸不上润滑油。”

“为什么油泵吸不上润滑油？”

“因为抽油泵产生了严重磨损。”

“为什么抽油泵产生了严重磨损？”

“因为油泵没装过滤器而使铁屑混入。”

原因就因为这样一步步追问而找到了，给油泵装上过滤器，然后再换上保险丝，机器就可以正常运行了。但是如果不进行这样的追根问底，而只是简单地换上保险丝，机器一样可以运行，但用不了多久就会又停下来，因为最根本的问题没有解决。

2. 不满导向的问题意识

就是对任何事都抱着“不满意，不满足”的态度。万事只有变化才有进步，如果我们对任何事物都很满意了，那么我们就不会想到去改变它，生活就不会改变，整个社会也会停滞不前。所以一个成功的设计师除了拥有对事物的敏锐观察能力之外，还应该对任何事物都抱有不满意的态度，随时对自己或者别人的设计“挑刺”，这样才能设计出更好的作品。

比尔·盖茨曾经对微软的员工这么说过：“我们不能满足现状，即使是我们自己的产品，我们也要不断地推出新版本，提升自己。”有人很奇怪：“你推出了新版本，就没有人买旧的版本了，有了 Windows XP，就没有人买 Windows 2000 了，这不是很大的损失吗？”比尔·盖茨又说了：“即便我们不推出新版本，别人也会推出新版本，我们自己挑自己的毛病总比别人挑我们的毛病好。”所以不管是作为设计师还是商人，都应该具有这种对自己不满意、不满足的态度。

比如对待筷子的问题，因为我们从小到大都用筷子，所以不会有人对筷子提出问题。对筷子提出问题的是一位外国设计师，因为他们用惯了刀叉，用筷子很不习惯。现在亚洲食品席卷世界，他很想品尝亚洲的美味食品，但又用不好筷子，问题出现了。于是就有了这个带夹子的筷子，就算是初次使用筷子也不会有夹不起菜的难堪事情发生了(见图 6-3)。但是解决问题的办法远不止这一种，于是又有了“弹簧筷”的产生，设计师从圆规获得了灵感，采用强化塑料材质，并在筷子的尖头部分设计了纹路来增加摩擦力，这样即使夹再滑的食物也不怕了。

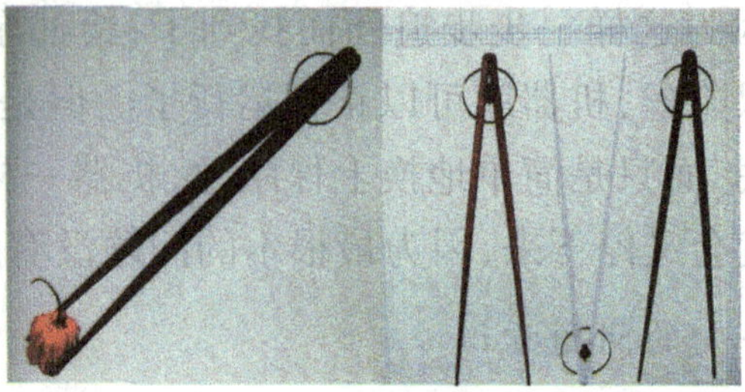

图 6-3　筷子设计

二、解决问题

在发现问题、提出问题之后，就要开始解决问题了。德国现在推出了一款防盗手机，说到“防盗”，我们首先想的是如何去“防”。于是针对这个字提出了很多的解决办法：在手机内置防盗装置，一有人拿走就发出叫声；在手机内设微电伏击，有人拿走时就会被电到……可是这些办法要不就是成本太高，要不就是科技含量太高，大都没有普及。那么我们来看看这款新手机有什么特殊的？这款手机说是防盗，其实在被偷时和其他手机并没有什么不同。但是在被盗后手机的主人可以设置一款功能：这个手机只要有电池就会疯狂地尖叫，直到电池被取下来。但是一旦装上电池，它就又会尖叫，而且不管你换多少新电池都一样。这样，小偷拿着这款手机，只要一用，所有人都会知道他是小偷，也自然就没有人买了。手机偷来卖不出去，自然就没有人偷了。那么这款手机创意的精彩之处在于并不是从“防盗”这个角度去直线思考，而是从如何断了“销路”这个角度去想，所以取得了成功，可见创意的重要之处。现在城市很多公共设施经常被盗，比如走在大街上，经常发现下水道的盖子不见了，或者公共汽车站的座椅不见了，都被偷去当废品卖了。市政工程的人员做了很多措施，比如把座椅的脚直接焊在地上，但是过几天来看只有几条腿了，其他的都不见了……这仅仅是从如何防止盗窃这个方面来想办法。同样的道理，是不是可以从另外的角度想想，比如从防止流通的角度。如果市政工程从废品收购站直接入手，禁止购买这些特殊的废铜烂铁,可能会有意想不到的效果呢。

生日要吃蛋糕,要许愿吹蜡烛,一岁一支蜡烛。可是年龄越来越大了,蛋糕再也插不下了。怎么解决呢?现在有数字蜡烛,卖蛋糕时售货员会问顾客多少岁,于是就拿多少岁的数字给顾客。还有更好的方法吗?设计师从液晶显示的原理联想到了蜡烛,设计出了一款陶瓷烛台,用一般的蜡烛就可以随意地拼出你想要的数字来了(图6–4、图6–5)。

当爸爸妈妈的人一定知道带宝宝出门的麻烦:奶瓶、奶粉、尿不湿、纸巾……东西简直多得带不完,要多大的袋子才能装下啊?现在有了“立可换”婴儿百宝袋,那可是爸爸妈妈还有保姆们的超级救星。别看它才这么点大,它可是能同时装下两个瓶子、尿布、奶粉、纸巾等婴儿用品,同时还是一张简易的移动宝宝更换台,铺在任何平坦的地方都可以为宝宝换尿布,方便极了(见图6–6)。

你切过菜吗?有时候把菜从菜板上挪到盘子里是一件很费力的事。这个菜板看起来和普通的菜板没什么两样,可是区别可大了。无论你是切菜还是水果,切完以后只要把东西向前一推,就轻松地装到盘子里了(见图6–7)。

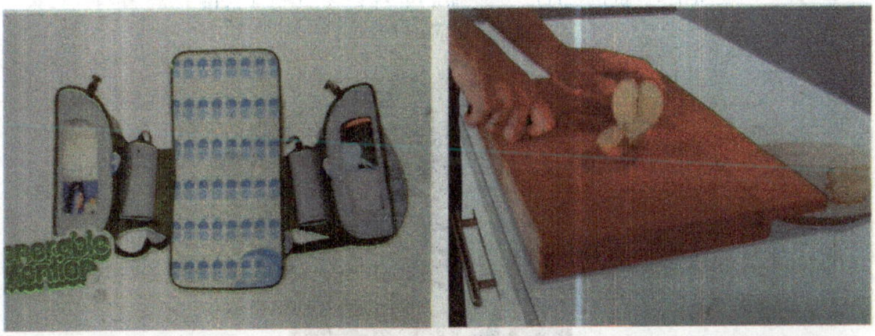

图6–4

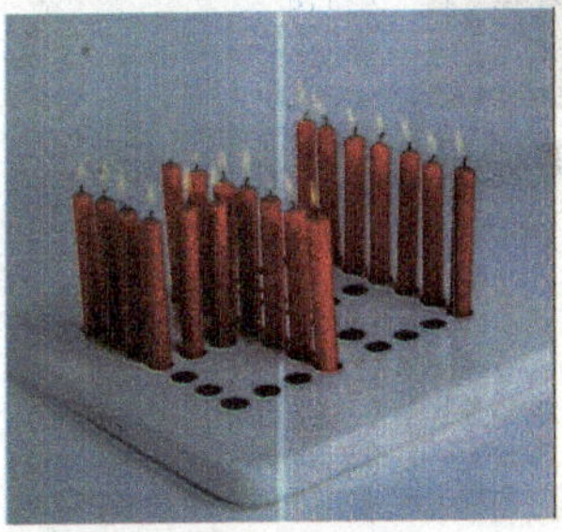

图6–5　烛台设计(一)

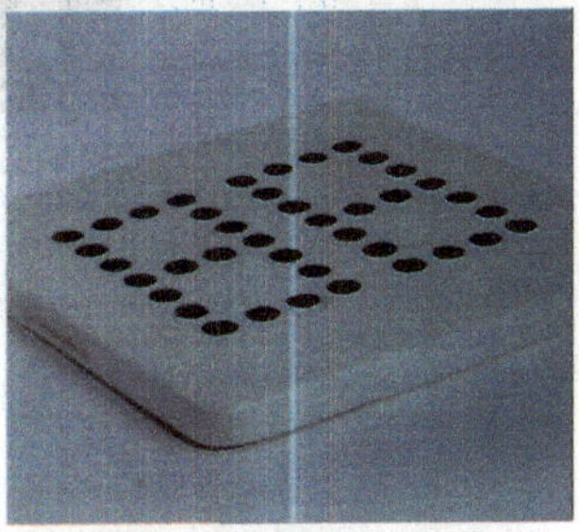

图6–6　烛台设计(二)

图 6-7　桌椅设计

图 6-8　柜子设计

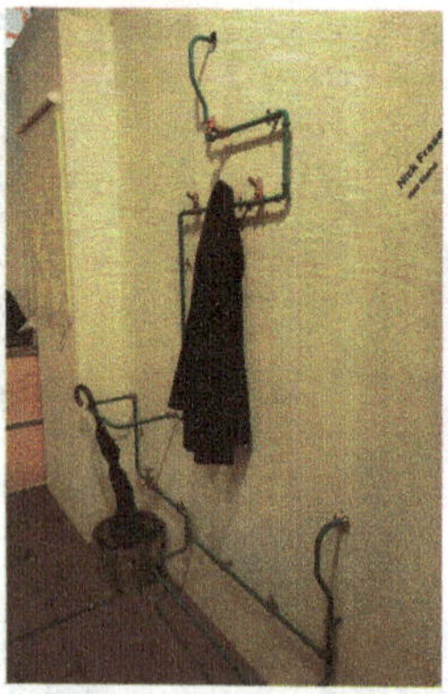

图 6-9　雨具架设计

图 6-10　椅子设计

图 6-11　书架设计

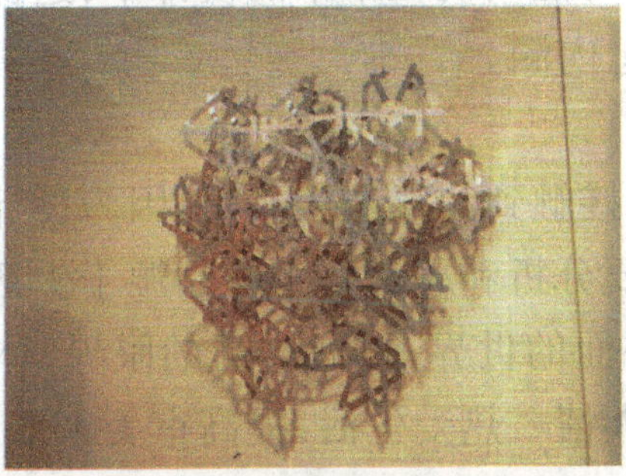

图 6-12　装置产品设计

图 6-13　茶几设计

第二节　新产品的构思与产品创新设计

一、看

（一）观察产品

1. 提高审美

（1）看资讯

感谢互联网资源的共享给我们提供了很多国际上优秀的设计资讯、设计作品和相关的专业理论知识，我们应该从多个角度、多个领域去看一些优秀的作品，一是开阔我们的眼界，提高我们的审美能力；二是可以拥有丰富的知识，填充大脑里的“素材库”，这些素材都可能出现在未来的设计中，这样设计作品才会生动饱满、富有思想内涵。

（2）看生活

观察生活中接触到的每个产品，正因为设计源于生活并服务于生活，所以需要分析和思考每个产品源于生活和服务生活的过程。同时看看外面的世界，扩展自己的眼界，体验不同的文化和风俗习惯、风土人情。热爱生活，提高审美水平，得靠日积月累的积淀。

Behance　ZCOOL站酷　站酷　Pintesrest UI

花瓣设计　designonline　设计在线　LKKER

图 6-14 设计素材站

2.CMF 的应用

CMF 即色彩、材料、表面处理的缩写。其中色彩的捕捉与情感传达、材质与表面处理是产品品质与体验的重要部分。色彩存在于我们每个人的生活中，并赋予我们很多的情感。对于设计来说，它更有非凡的表现力，它不仅能强化视觉表现力和造型，而且能表达情感。材料的色彩、质感光泽、纹理触感、舒适感、亲切感、冷暖度、质量感、柔软感等表面特征对产品的外观造型有着特殊的表现力，在造型设计中应充分考虑不同的材质都有其自身的外观特征和质感，给人以不同的感觉。表面处理是在基体材料表现上人工形成一层与基体的机械、物理和化学性能不同的表层的工艺方法。表面处理的目的是满足产品的耐蚀性、耐磨性、装饰或其他特种功能要求。

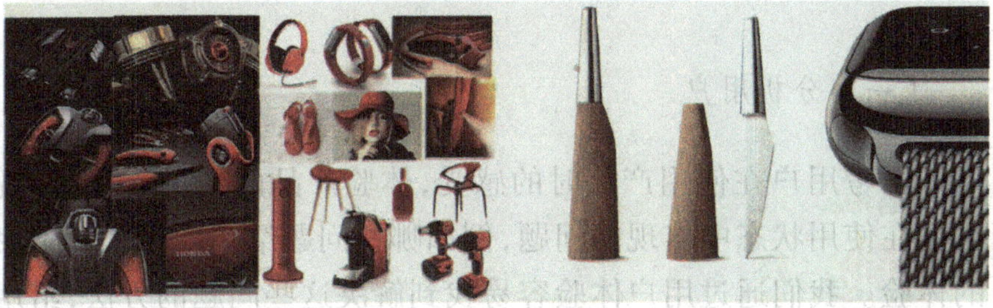

图 6–15　产品外观

（二）产品结构

产品结构又称为分型线，主要是看产品的设计要求及外观要求，考虑加工是否可行及排模跟进胶的位置。再通俗点讲就是，进行灌注时使用的模具大多由几部分拼接而成，而接缝处的位置不可能做到绝对平滑，会有细小的缝隙，在产出灌注的配件时，该位置会有细小的边缘突起，即分模线。产品分模线有两种情况：一是构建分模线，也就是说开模的时候给分开了；二是构建装饰条，这里不能说是分模线，主要作用是防水或装饰。

分模线做好了，产品会更加精致，也可能会因为分模线的优化而得到一个漂亮的造型。那么设计师如何把这个分模线很好地运用在产品设计中呢？接下来让我们通过一些优秀的案例，来看看优秀的产品设计是如何处理分模线的。

图 6-16　产品分模

二、思

（一）分析用户

思考用户在使用产品时的感受，体验产品的使用流程，发现产品在使用状态中出现的问题，例如哪些问题给用户带来了不爽的体验。我们通过用户体验容易找到解决这些问题的方法，给用户留下深刻的印象，以期让用户再次使用产品时产生完美的体验，所以在“思”这个环节我们应理性分析，再进行感性分析。

用户为什么会为一款产品买单？产品的核心是以人为中心，用户体验就是这个产品存在的原因。产品应满足用户需求，解决用户遇到的问题。给用户一定的特定价值，这个产品才会变得有意义。与之相反，如果问题本身并不存在，或者说解决方案没有对这个问题对症下药，那么这个产品将变得毫无意义，甚至没有用户使用，导致产品的失败。对于产品，我们应该思考它的出现解决了什么问题，找到这个问题对应的场景和角色。

（二）思考用户体验

1. 思考产品

观察生活中接触到的每一个产品，人们使用每一个产品的时候都具有用户体验，比如铅笔、手表、衣服、网站、软件等。不管是什么产品，用户体验都显得非常细微，但它又非常重要。应仔细分析和思考每个产品源于生活和服务生活的过程，思考用户在使用产品时出现的问题，挖掘用户的痛点。那么痛点从何而来？答案是从对人性的挖掘而来，思考用户在使用产品过程中的难点和不适，从而找到产品改进的方向。首先定义目标人群，思考"谁面临这些问题"，然后寻找解决方案，思考"我们要如何解决相应的问题"，这样的思路将会指引我们找到全新的产品功能。设立目标，将有助于衡量这个功能是否会成功。

图 6–17　插座设计

2. 产品定义

设计产品时，用户体验设计师首先应该能够回答以下问题：我们在解决什么样的问题？（用户问题）我们为谁而做？（目标用户）我们为什么要这样做？（视角）我们如何做？（战略）我们要实现什么？（目标）产品在什么场景中用？（地点）只有这样，思考我们究竟在做什么才是有意义的（产品功能点）。

三、学

（一）创新技能

设计概念视觉化要求设计师必须熟练掌握模型制作的技能和软件辅助表现的技法，如何才能熟练地掌握设计技能？只有不断地练习，反复地练习，才能迅速提高设计能力，做得越多，提高得越快，这是没有什么捷径可走的，必须踏踏实实地做。

软件作为工具永远是服务于设计的，光靠这些工具是难以在设计之路上发展的。在整个软件辅助表现设计的过程中，需要时刻去感知要表现的产品的形态、比例、线性关系，以及每条线、每个曲面的神韵，同时暂时忽略细节，这样才能抓住形体的结构。在使用工具表现设计的过程中，将形态设计、形态推敲融入其中，这样才能抓住设计概念视觉化的本质。只有这样，塑造出的技能才能对形态有快速感知能力。在产品设计过程中，概念视觉化的流程为：由手绘图转换为 2D 图，再转换成 3D 图，最后渲染出效果图，在执行这个流程的过程中需要借助几款设计软件。

图 6–18　软件辅助表现设计

（二）概念视觉化

手绘图就是方案设计中我们常说的草图，可以分为“草”和“图”来理解。手绘图是设计师艺术素养和表现技巧的综合体现，它以自身的魅力、强烈的感染力向人们传达设计的思想、理念及情感，手绘图的最终目的是通过熟练的表现技巧，来表达设计者的创作思想或设计概念。

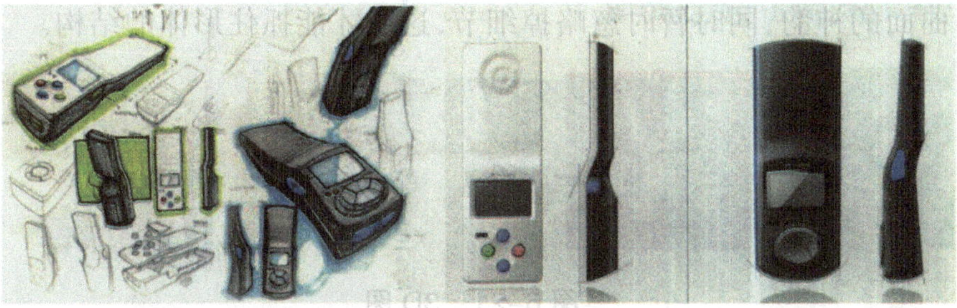

图 6-19 手绘

（三）软件应用

1.2D

草图看起来很美，但形态并不确定。2D 图形比草图更进一步，效果也更接近真实效果，有利于将方案进一步深入。通过绘制草图确定设计方案，再借助 AI 或者 CorelDRAW 等软件来绘制出精致的视觉效果方案。

图 6-20 2D 图

2D 图形包括的内容：线框、尺寸、色块、材质效果等。2D 图形在设计过程中是不可缺少的转化环节。

草图转化：用线框形式对产品形态进行表达。

草模制作：对线框图进行填色推敲。

形态推敲：对填充色块后的线框图进行推敲，完善造型与尺寸比例。

材质解析：用二维软件实现材质表达。

2.3D

要时刻关注产品的形态、比例、线性关系，以及每条线、每个曲面的神韵，同时暂时忽略掉细节，这样才能抓住形体的结构。

图 6-21　3D 图

3D 效果图包括的内容：形态、比例、曲率、倒角、壳体等。3D 效果图在设计过程中是不可缺少的转化环节。

三维立体：将形态转换成 360° 的空间展示。

形态推敲：造型和尺寸的推敲过程。

细节体现：倒角、分型线、曲率和渐削面的处理。

结构关系：壳体与硬件之间的关系。

材质解析：材质在计算机模型上的模拟应用。

3.2D 向 3D 转变

Rhino 因其三维建模功能强大、界面简洁、操作简便、上手容易、能够自由地表现设计概念等特点，被广大工业产品设计人员所推崇，对于快速、准确地表现设计创意有着无可比拟的优势。现在我国大部分高等院校的工业设计专业均开设基于 Rhino 的计算机辅助工业设计课程。除此之外，Pro/E、Solid Works 等工程软件也比较实用。因其与后期的工厂对接方便，同时便于模型数据化的调整，也备受设计师推崇。此外，不同行业会有一些特殊软件，例如，Catia、Alias 等是汽车设计行业软件。

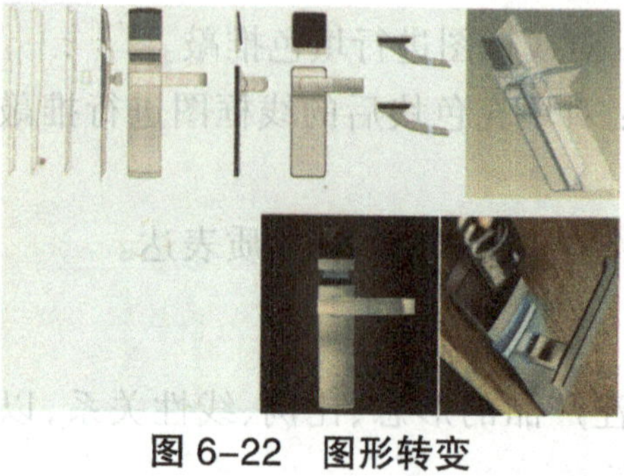

图 6-22　图形转变

四、做

(一) IDmind 创新头脑法则

IDmind 创新头脑法则设计的核心原则：以用户为中心；设计的核心价值；以创新为驱动。我们如何理解这一相对抽象的概念呢？可参考图 6-23。

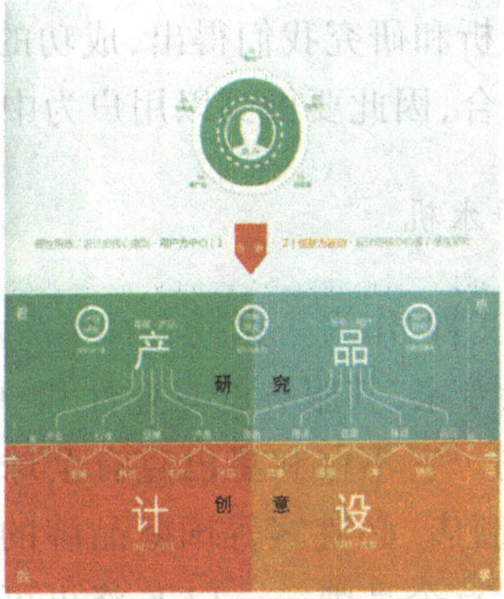

图 6-23　创新设计

产品设计本身要以用户为中心，如何做到以用户为中心呢？首先要确定目标用户，围绕用户产生了一个由懂用户、挖痛点、讲故事、爆产品、轻制造组成的圆形链条。要让这样的链条转动起来，需要以创新作为驱动力。

“以用户为中心，以创新为驱动”，以此来创新理解“产品设计”。首先，我们将“产品设计”拆分为两层，即“产品”和“设计”。“产品”是什么？挖掘它的深层含义，“产品”是指当下现有的产品，即要对现有的产品进行研究。对于研究，我们应当从产品研究、市场研究、用户研究三个大的方向着手。又该怎么理解“设计”呢？“设计”是指未来创新的产品，对于未来创新的产品要进行创意。对于创意，我们应当从产品的功能、体验和情感等方向着手。

其次，把“产品设计”拆分为4层，把它视为“产”“品”“设”“计”。有了研究和创意，分析了“看”“思”“学”“做”，最后产品设计便落地于实际的项目操作流程之中，从产业大趋势入手，制定企业自主策略，分析同行业市场，找出科技突破点，建立自己独有的品牌，了解生产资源和方式，确定产品开发方向，思考营销和推广方式，最终确定产品上市概念，清晰定义符合消费者的功能需求，研究市场中的同类竞品，确定产品造型趋势，根据产品品质要求定义CMF，实现优良的用户体验，满足用户的情感需要，最终体现产品的价值。通过分析和研究我们得出，成功的产品设计是理性思维和感性思维的结合，因此要做到以用户为中心、以创新为驱动。

（二）ELKAY净水机

ELKAY（美国艾肯）作为一家拥有百年净水经验的美国企业，是全球最大的厨卫专家，其服务的专业性和卓越的品质受到了世界各地顾客的认同。它不仅和星巴克有全球战略合作伙伴的关系，同时也是万豪酒店、必胜客等国际品牌的信赖之选。五十五度是中国创新设计首个品牌——LKK洛可可创新设计集团旗下所属公司，其推出的“55° 降温杯”，以降温品类的开创性和痛点思维的创新性打造了水杯新品类，从而获得了德国红点设计大奖，成为中国2014年度智慧生活产品中最受关注的一个。

图6-24是“55° +ELKAY”净水智饮机，是强强组合后的“重混”。产品将净水功能与控温功能完美结合在一起，想要几度就几度！

不知道从什么时候开始，一杯干净的水，离我们越来越遥远。家庭健康安全饮水困扰着我们每个人的生活，老人、孩子等家人的安全饮水是我们一直关心的问题。其实，我们的要求很简单，就是还原水原来的样子。“55° +ELKAY”净水智饮机致力于为大家还原水原来的样子，重新定义厨房净水生活。

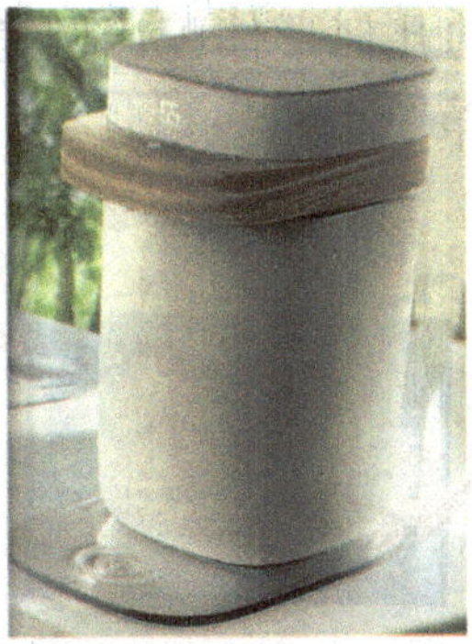

图 6-24　ELKAY 净水机

图 6-25　对净水的渴望

根据需求解读，明确了本次设计的目标，通过对市场、用户和竞品做设计研究，明确我们此次产品的设计方向，结合研究报告和意向图，洛可可 ID 设计团队进行了草图头脑风暴，绘制出 ELKAY 净水机的设计概念图，锁定产品设计风格。

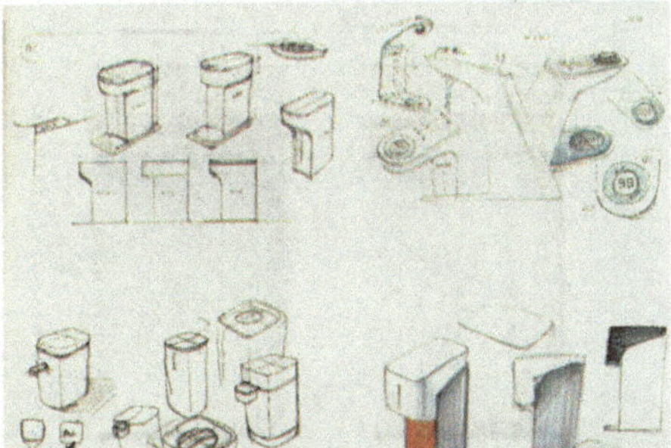

图 6-26　净水机草图表现（一）

最终我们在多款草图方案中选出了此款方案进行深入表达，

造型上采用简洁直白的几何形体配以圆角，以圆润与亲和的产品形象突出“净，如此简单”。

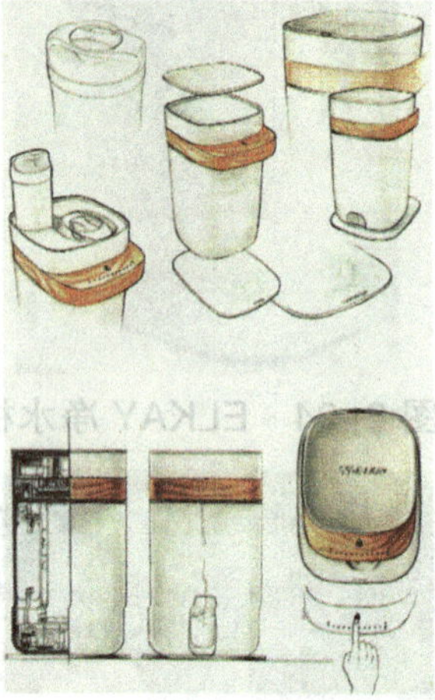

图 6-27 净水机草图表现（二）

在草图深入刻画阶段后，我们对形体、比例、细节都有了比较清晰的概念，草图看起来很美，但形态并不精准，需要通过 ID 效果图环节将草图方案进一步深化。设计团队借助 AI/CorelDRAW 矢量软件绘制出等比例多视图，推敲产品 ID 的视觉效果。

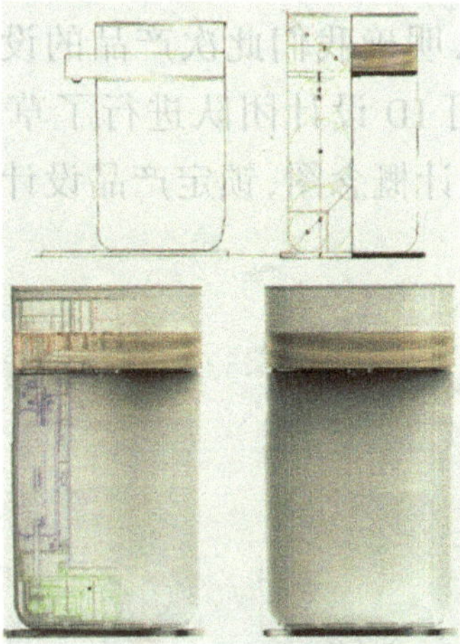

图 6-28 净水机草图表现（三）

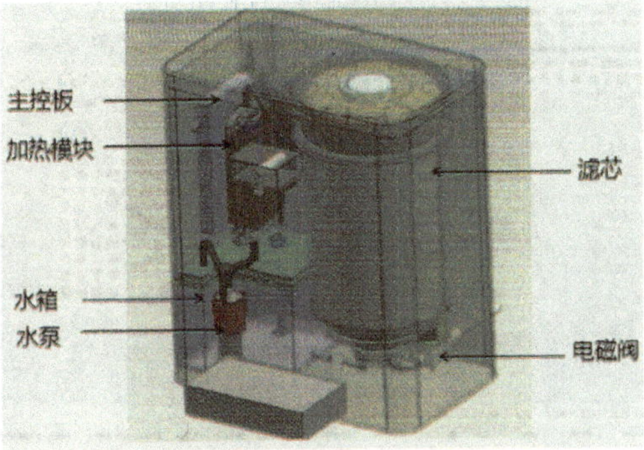

图 6-29　客户提供净水器产品初期内部结构示意图

根据客户提供的结构功能布局，我们首先对产品内部结构进行了优化设计。

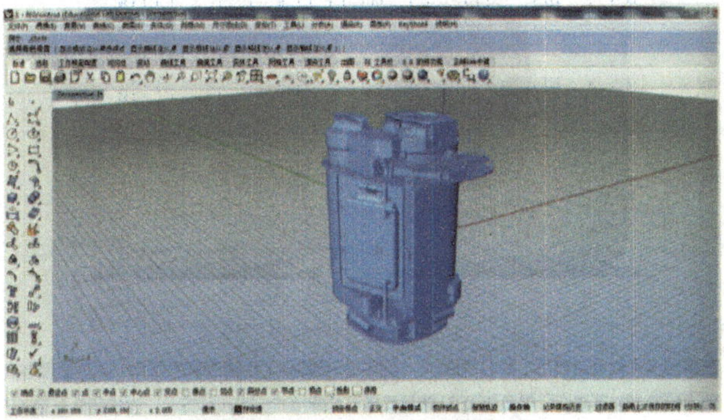

图 6-30　净水机结构

对产品内部结构进行优化设计后，我们根据确认后的 2D 效果图进行 3D 建模，对形体细节进行更进一步的推敲。

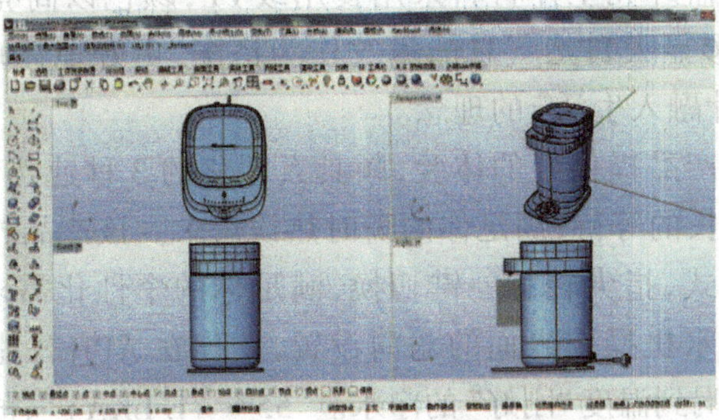

图 6-31　净水机建模（一）

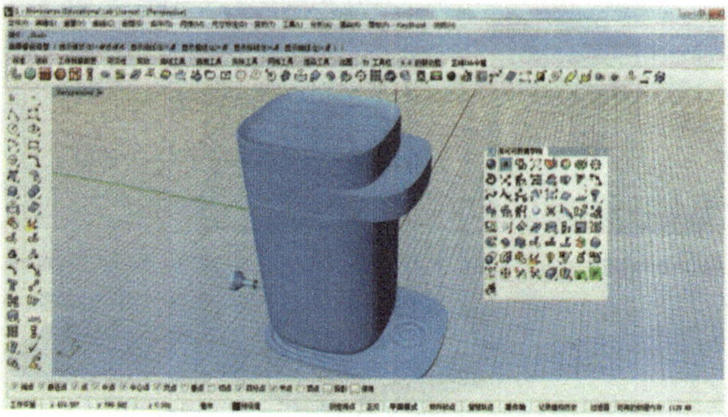

图 6-32 净水机建模(二)

3D 建模完成后我们对产品进行渲染,通过 CMF(颜色、材质、表面处理)及光影效果将产品进行视觉化呈现。

图 6-33 净水机

净水器外壳主体材料采用食用级 PP,颜色以高亮乳白色为主,外加彰显大自然气息的木纹作为搭配,更好地体现“还原自然、将设计融入生活”的理念。

好的产品提供好的体验,颇具人性化的 3 秒速热,让舌尖不再经历漫长的等待,满足你的瞬时热饮需求。该产品打造 6 种场景饮水模式,指尖轻触一键切换,满足你的个性化需求:移动端 APP 和净水机操作界面的双向设置,让你在 APP 智能交互的体验中随时喝到温度“刚好”的净水。“55° +E LKAY”净水智饮机,旨在还原水原来的样子,带给我们便捷、干净的净水新体验。

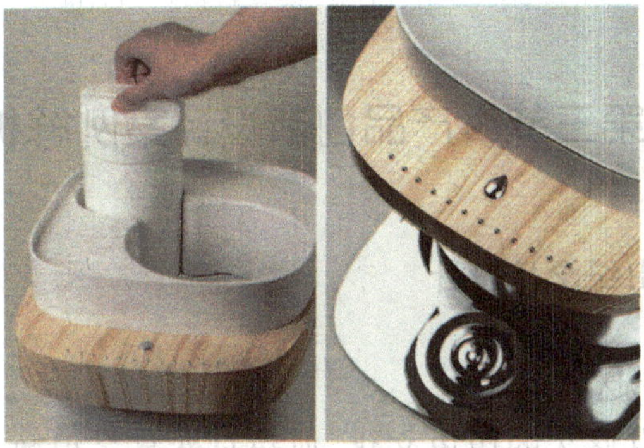

图 6-34　产品使用（一）

图 6-35　产品使用（二）

图 6-36　产品使用（三）

第三节　产品创新设计案例解析

一、泰山纪念品设计

设计者：赵璐瑶

泰山具有悠久的历史文化，典故自然是多得数不胜数。各式各样的纪念品，五花八门，别具特色。大多都是摆件饰品居多，虽说种类繁多，但缺少了具有特色的生活用品。

图 6-37　泰山纪念品（一）

图 6-38　泰山纪念品（二）

近年来，流行一种设计方式叫作文化创意设计，文化创意产品就是在大的范围内以文化为基础，发挥创意力去设计、研发的产品。文化能让产品变成让人感动的生命体，能更好地宣传所运用的文化背景，让深厚的背景文化融入日常生活的情趣。

利用泰山五岳之长的地位与奇特的景点以及特有物种，作为设计点，设计生活。

泰山四大奇观：云海玉盘、旭日东升、晚霞夕照、泰山佛光。

泰山赤鳞鱼、迎客松、玉皇顶等著名特色等。

根据了解的背景以及当地特色进行一系列灯具设计。

根据泰山迎客松设计灯具——树影。

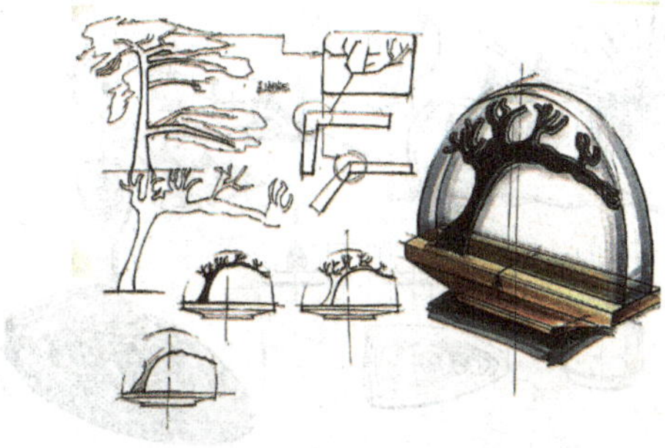

图 6-39　“树影”灯具

根据玉皇顶及其周边山脉设计灯具——山影。

图 6-40　“山影”灯具

根据泰山赤鳞鱼设计——鱼影。

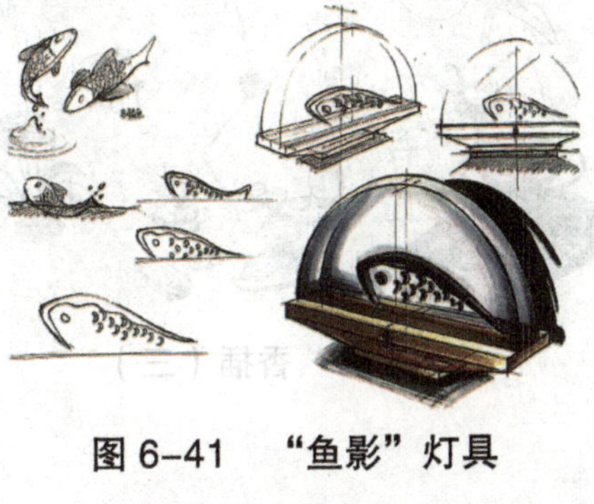

图 6-41　“鱼影”灯具

以上一系列灯具设计材质均使用亚克力。

图 6-42 设计材料

接下来设计一系列与泰山寺庙相关的香插。

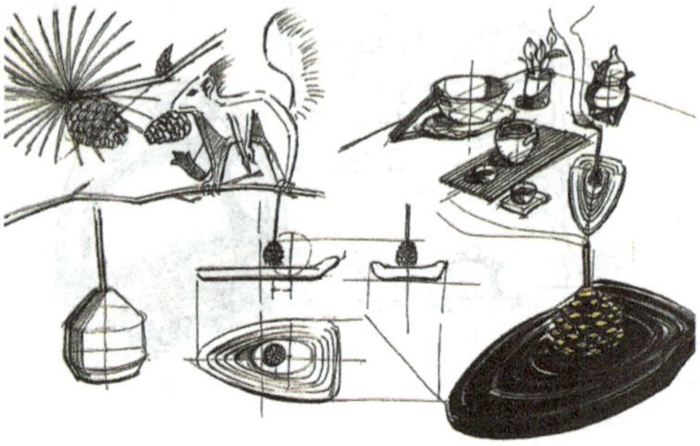

图 6-43 香插（一）

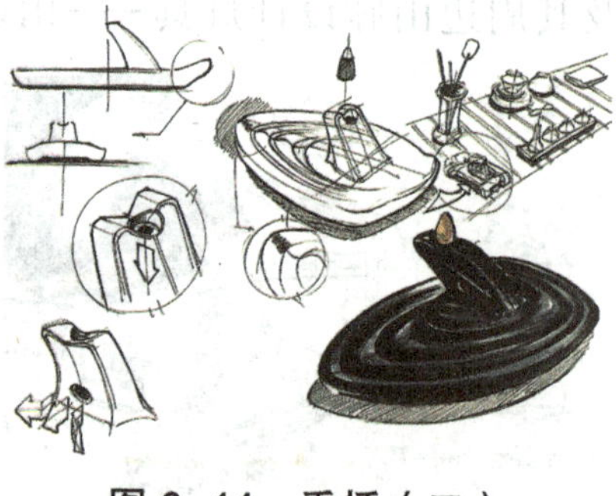

图 6-44 香插（二）

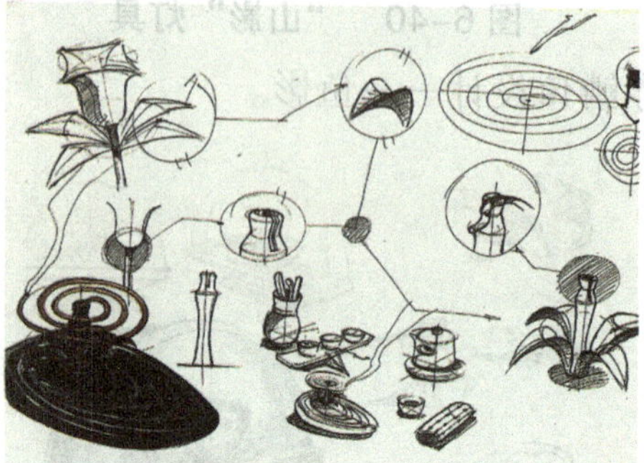

图 6-45 香插（三）

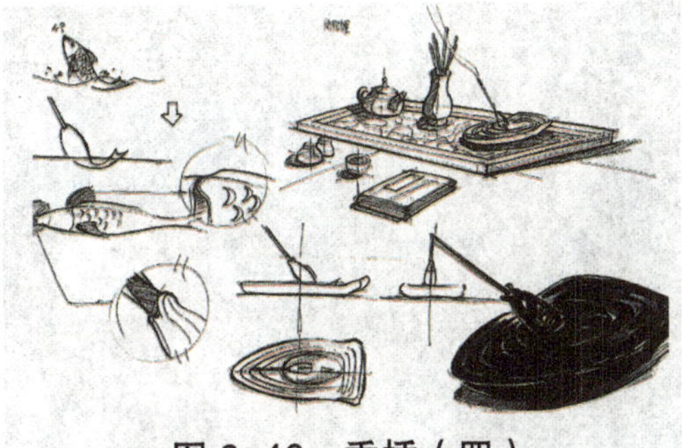

图 6-46 香插（四）

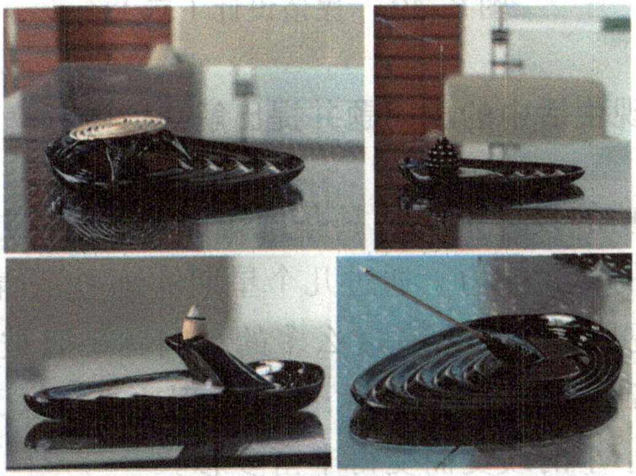

图 6-47 香插（五）

根据泰山特色景点云海玉盘、日观峰、松果以及赤鳞鱼等最具泰山特色的剪影设计的一系列香插，极其简约的造型却富含着泰山大气磅礴的气势。

此外，还有一系列视觉上的小设计（书签、明信片、徽章等）。

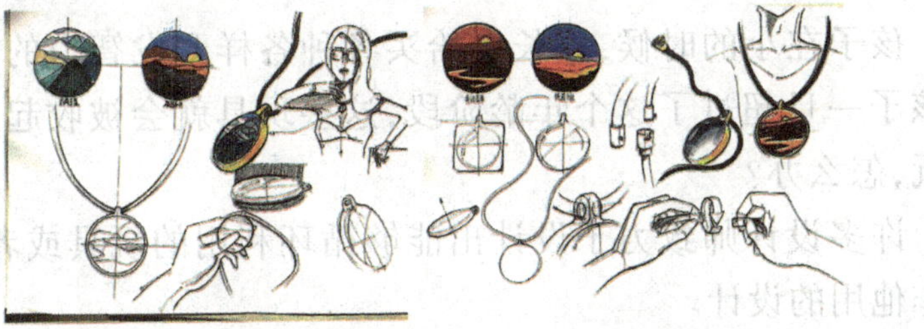

图 6-48 民俗设计（一）

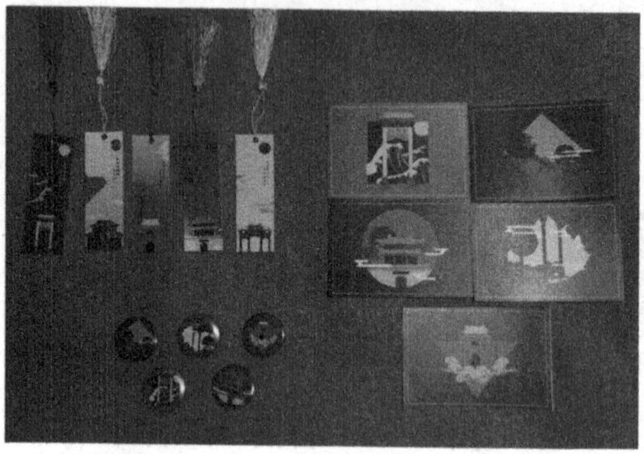

图 6-49　民俗设计（二）

二、发现生活中的小问题并提出解决方法

一个成功的设计师应该具备敏锐的观察力。这个课题主要是培养学生的观察能力。通过几个星期的练习，看着学生交来的作业，会发现原来生活中有这么多的小问题平时被我们忽略了。而当我们想到了解决的办法后，又会发现原来枯燥无味的生活可能因为一个小小的改变而变得丰富多彩。

（一）蛇形百变笔

问题：在孩子成长的时候，总是会有各种各样的玩具，但超过了这个年龄，这些玩具就不会再去碰了。

设计者：冯霞

孩子在小的时候，家长会给买各种各样开发智力的玩具，但是孩子一旦超过了这个年龄阶段，这些玩具就会被收起来，不再去玩，怎么办？

许多设计师致力于设计出能够循环利用的玩具或者可以另另作他用的设计。

方案：蛇形百变笔

原理：根据三角形的造型，激发想象力，利用翻转、折叠、弯曲、扭转，能够出现千变万化的形状。

特点：挑战脑力，激发想象力，不仅千变万化，主要功能为书写。

适用于 9 ~ 14 岁孩子,可满足孩子的想象力需求。

图 6-50　蛇形百变笔

（二）子弹自动铅笔

问题：使用自动铅笔时，总是忘记笔芯去哪里了

设计者：原沙沙

一般自动铅笔只能放进一支笔芯，在这支笔芯使用完之后，还得再拿出储存笔芯的小盒，接着再装一支笔芯在自动铅笔中，很是麻烦。如果自动铅笔可以存储铅笔芯就能够解决这个问题了。

方案：在自动铅笔基础上加入一个储芯盒，取消现有自动铅笔的已有附件“子弹夹”，相当于随笔带着储芯盒，解决了笔芯不够用需要更换时找不到储芯盒的情况。

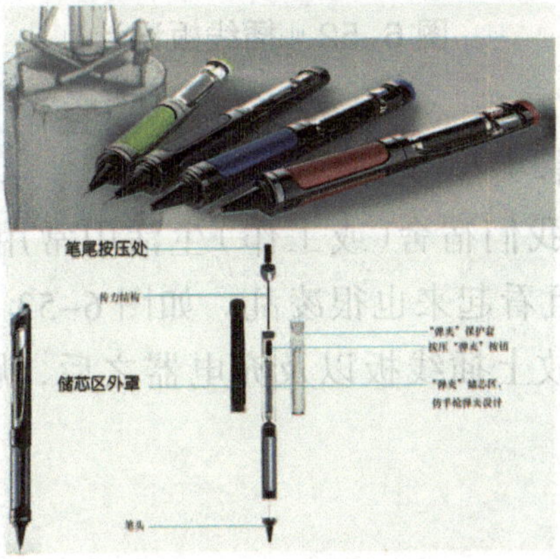

图 6-51　自动铅笔

（三）不方便的插线板

问题：不方便的插线板

这个问题很多同学从不同的角度切入并提出了解决的方法。

方案一：

设计者：李玲

问题：插排少不易携带

传统的插排都是直板，出去旅游，一般旅店中的插排孔都是不够用的，普通的插排插孔不够，插线还长，不方便携带。

对传统插排的改进方案：

改进为可随意拆卸，随意插拔的模块化，每个插孔都是一个独立的个体，所以出去旅行需要几个插孔带几个模块就可以了。它打破了传统插排固定直板造型的设定，使用时方便整洁。

图 6-52　插线板设计

方案二：

设计者：毛馨爽

问题：目前我们宿舍（或工作）生活中常用的插板放在桌子上很占地方，而且看起来也很凌乱。如图 6-53 中所看到的，桌子本来就很小了，放上插线板以及充电器之后，就更没有足够的地方使用了。

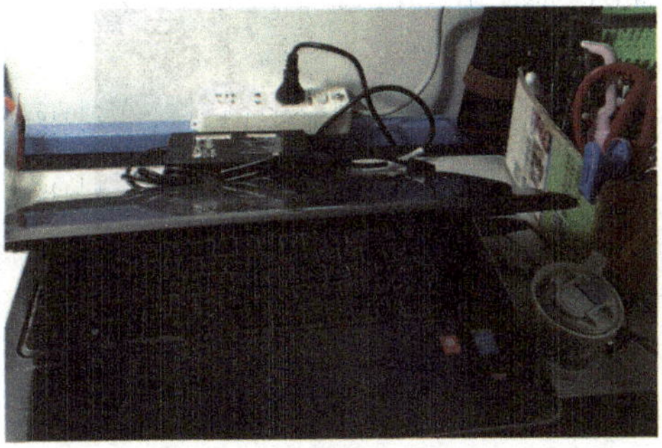

图 6-53 插线板使用

解决方案：

这种插板外观与目前我们使用的插板没有什么区别，但却内藏玄机。因为它最大的特点在于下置有一个底座，使用者可以将插排放置于任意一个方便使用的地方。

图 6-54 插座

（四）儿童竞速自行车

问题：儿童竞速自行车的安全性

设计者：原沙沙，李玲，田树根，边成栋，张鹏

儿童竞赛自行车的安全性是所有父母所担忧的，针对这个问题进行设计。儿童所喜欢的设计元素要具有青春活泼的特点，再根据竞赛自行车要迅速敏捷的特点设计了一款儿童竞赛自行车。灵感来源于“鲨鱼鳍”。采用仿生学的设计，将车架与鲨鱼造型相融合，赋予自行车速度与自由之意。自行车的流线型与镂空设计，给人以一种轻巧流动之感。儿童采用俯冲的坐姿来骑行，将风阻系数大大减少，提升了速度。座椅的凹凸设计为儿童的乘坐带来了更多的舒适感。

图 6–55　儿童竞速车（一）

设计特点是采用了两个后轮进行同时驱动，前轮则起到支撑和控制方向的作用。后轮采用外八字设计，目的是在提升速度的同时保证车身的稳定性，大大地提高了儿童在竞速时的安全性。在竞速时，儿童在骑行时如同鲨鱼鳍滑出海面一般。

图 6–56　儿童竞速车（二）

（五）趣味加湿器

问题：怎样让加湿器也充满乐趣

设计者：张培新

现在科技发展得如此快速，伴随而来的就是污染问题。许多注重保养以及生活质量的人都购买了加湿器来净化空气。加湿器对大部分人来说只是一个电器，并不需要有其他的功能附加。但加湿器我们每天都可以看到，造型简单时间久了就会比较枯燥，怎样才能让它不再无趣呢？

作者以葫芦为造型来源设计了一款加湿器。葫芦谐音“福禄”，寓有吉祥、平安之意，是美好之物。整个造型分为两个部分，上半部分是整个电器的心脏部分，下半部分是水箱。结合葫芦的特点，夸张水箱的尺寸，能够存储更多的水。底盘的设计使整体摆放更加稳固，打破传统造型，给人独特的曲线美。

图 6-57　加湿器

（六）商务签字笔

问题：在商务的时候应当用什么样的笔

设计者：苏三杰

在办公的时候，签字的时候拿出了一支卡通签字笔，总是有些幼稚的。这种时候就应当拿出与严谨气氛相适应的物品，让别人了解你的态度，增加成功的机会。

于是设计了一款大气不需奢华式样修饰的商务签字笔，采用不锈钢的外壳完美地将大气耐用与现代技术结合，笔身呈扁体圆角设计的不锈钢笔夹，通体使用扁平的造型，有效地防止笔的滚动，体现出使用者严谨的为人处世的态度。

（七）考试必备

问题：考试时需要带的物品太多且杂

设计者：李惠慧

今天考试，到达考场坐下后，你发现你忘记带涂卡笔了，这可怎么办？

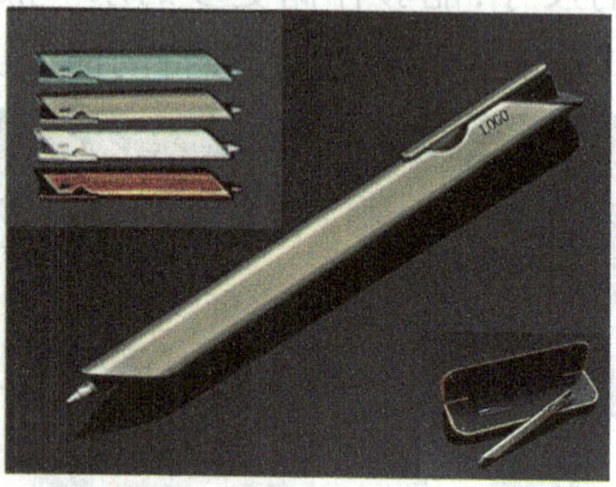

图 6-58　考试必备

于是就设计了一款多用笔，防止需要拿太多笔或忘记带。

它分为三节：

（1）大容量水性笔部分。打开即可使用，可更换。

（2）橡皮部分。拧开与铅笔连接部分，就可看见橡皮，拿出使用即可。

（3）铅笔部分。像普通碳素笔一样旋转拧出使用，不用时，拧回即可。

材料是普通塑料材质，选用黑蓝经典两色，更易让大众接受。

图 6-59　多用笔设计

（八）书桌收纳

问题：书桌的大小

设计者：张培新

书桌的收纳一直是个问题，放物品多的时候，使用空间就小；但是物品少的时候很容易找不到自己需要的物品，工作效率就低，如图 6-59 所示。

图 6-60　书桌收纳

这该怎么解决呢?

针对这个问题我们经过讨论,利用弯曲折叠的结构原理设计了一个可以节省空间的书架。

(1)上下左右都可以放书或者小的生活用品,合理地利用空间。

(2)书桌空间得以更加灵活地利用。

(3)不会再有书乱放一桌的尴尬。

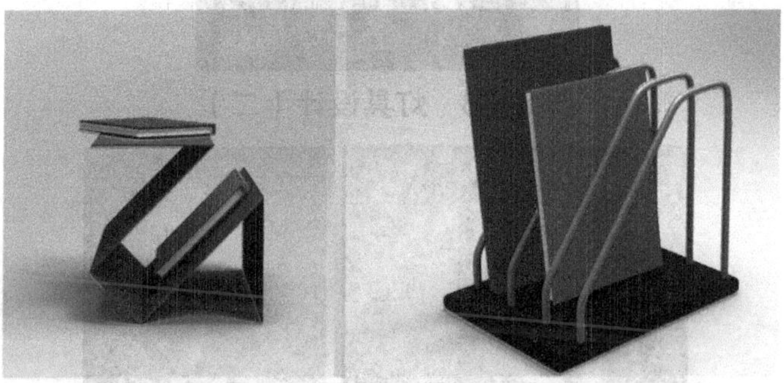

图 6-61　书架

三、有关灯具的设计

这个课题训练的主要目的是培养学生的观察能力和动手能力,因此关于灯具的设计主要不是在造型上而是在材料上。让学生从生活中发现各种材料,包括现成品,然后把这些平时大家都司空见惯的东西和灯联系在一起,做成灯具。通过这个课题的展开,我们发现创意实际上无处不在,存在于生活的每一个角落,只是我们平时忽略了它。当我们仔细观察后会发现,生活中几乎所有的材料我们都可以用来创作作品，如图 6-62 图 6-66 所示。

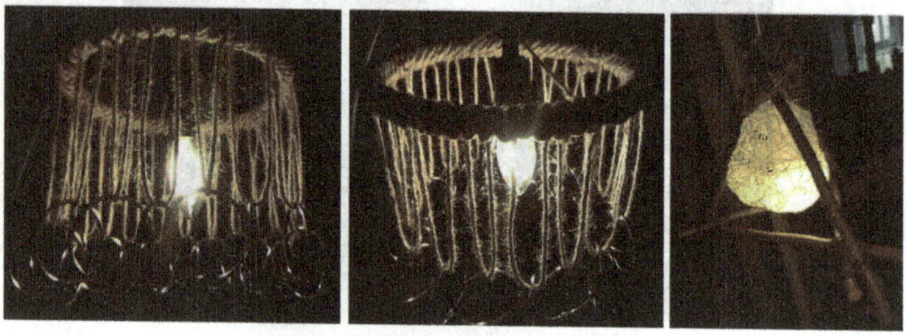

图 6-62　灯具设计（一）

图 6-63　灯具设计（二）

图 6-64　灯具设计（三）

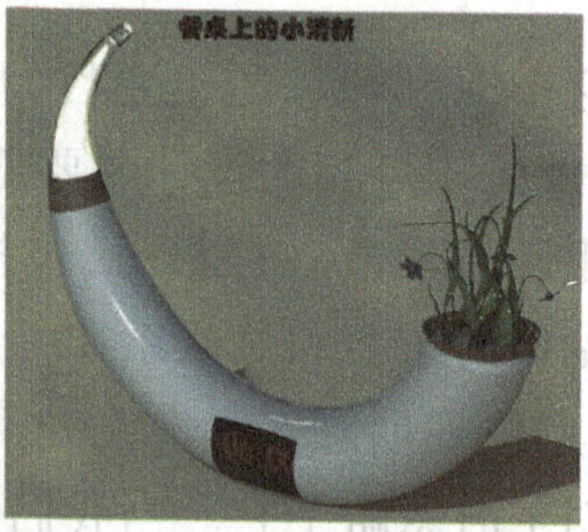

图 6-65　灯具设计（四）

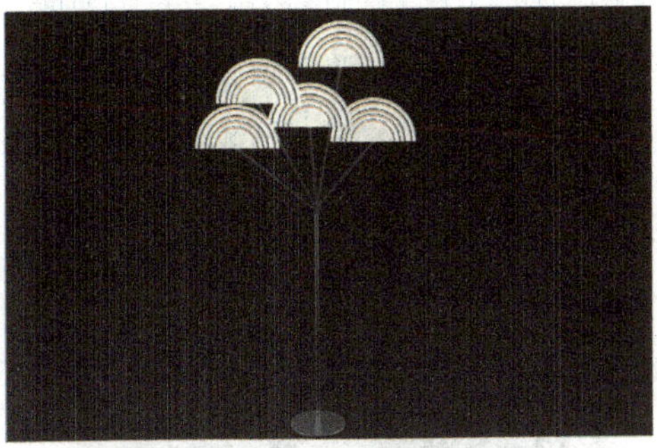

图 6–66 灯具设计（五）

四、生态办公系统设计

绿色、环保、循环是此设计的亮点。封闭与开放的对比，让整个系统更加个性也更加时尚，也更“刺激”。

打破常规办公系统的应用方式，以简单的左右封闭空间的变化作为产品设计元素，在基础上加入生态系统的元素，让整个办公环境达到清新舒适的状态。喝不完的水倒入花圃外围的凹槽中，由水槽渗入土壤中，根据喜好栽培花苗；在尾部的孔洞中连接着装置——加湿净化器，改变办公环境的空气。四个私人办公环境拼合，达到相互依存、旋转的生活模式，相邻的两个房间共同饲养一缸鱼，养育同一株花，不仅为枯燥乏味的办公环境增添了生态和绿色，更促进了人之间的相互交流。

图 6–67 生态办公系统设计（一）

图 6-68　生态办公系统设计（二）

图 6-69　生态办公系统设计（三）

需求解读：如何打造绿色生态环境改善环境污染

图 6-70　环境污染

随着社会的飞速发展，环境污染严重，人们对工作环境的要求也随之增高，优良的工作环境能够提高工作者的办公效率，并且有利于人员的沟通和员工的身体健康。办公环境包括工作区的空间、温度、采光、通风、吸音设施和条件等，还包括办公室墙壁、门窗装修和装饰的样式、色彩，办公桌椅、柜架的样式和摆放方式以及各种办公设备、办公用品耗材和饮水设备的摆放方式等。

设计目标：

打造吸引目标用户的生态办公系统，突出需求特征

研究思路：

生活方式特点（生活衣食行）

↓

产品角色定义（用户生活中的角色）

↓

产品风格定义（吸引目标用户的外观风格特征）

给谁用的——人群

干什么用的——功能、环境

为什么喜欢用——吸引点、记忆点

↓

差异化特征——创新概念

用户研究：深度访谈法、焦点小组法。

图 6–71

图 6–72

“绿色生态”环保又健康，个性但不出格，出众但不出轨。“绿色生态”已经成为了 21 世纪人群的一种生活方式。

五、老年人健康助手

关爱、尊重、帮助老年人是发扬社会主义道德精神的重要内容。随着老龄化的增长，老年人的健康与生活方面的问题便凸显

出来。随着年龄的增长与病魔的缠身，老年人的行动越来越不方便。许多老年人都依靠着轮椅生活。为了帮助老年轮椅用户更好地解决生活中的如厕问题，设计了可以通过按两侧扶手处的按钮，控制坐垫上四个小坐垫依次变化不同高度来抬起身体，同时靠背滑轨挂钩便沿座椅滑轨顺着裤腿直接脱下裤子，自行如厕的轮椅，以此实现更便捷的坐便功能，方便手脚不便的用户使用。

坐便轮椅挑战设计在于如何把握如厕动作的度，同时轮椅需要大量高难度的机械结构的设计与研发。在服务理念上设计轮椅，对于如何切入到服务接触点是一个难题。

解决方案：

我们把设计的轮椅风格定义为舒适，舒适这一词汇也是许多设计师为轮椅想要达到的目标意向，我们同步深度分析服务历程及轮椅与用户之间的关系，打造了一款健康坐便轮椅。

成果总结：

产品设计出来之后，先后获得了海尔"我是创客"第二季一等奖，西昊杯"中国好座椅"创意设计大赛铜奖。

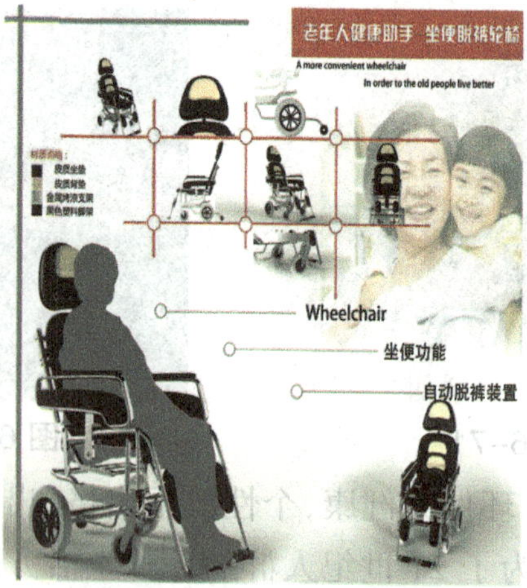

图 6-73 老人座椅（一）

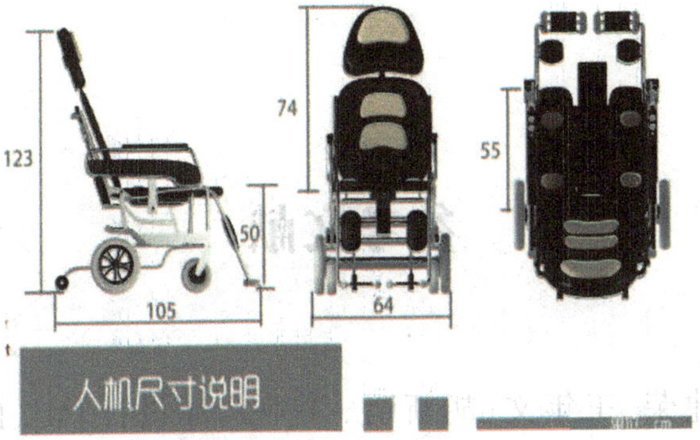

图 6–74　老人座椅（二）

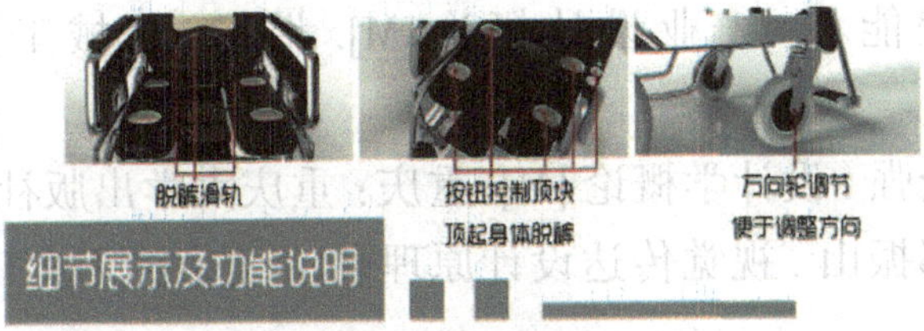

图 6–75　老人座椅（三）

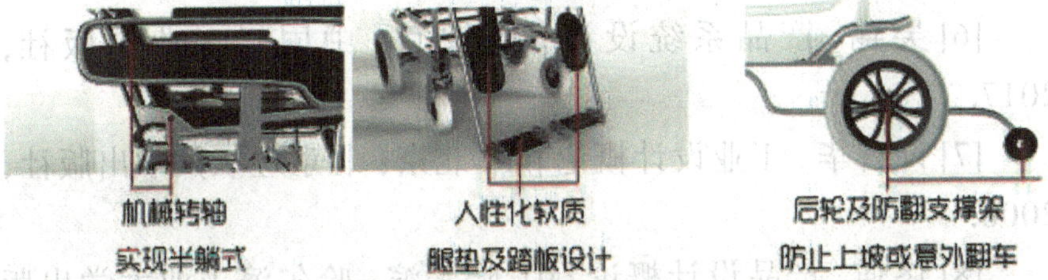

图 6–76　老人座椅（四）

参考文献

[1] 余建荣，王年文，胡新明．工业产品设计 [M]. 长沙：湖南美术出版社，2008.

[2] 程能林．工业设计概论 [M]. 北京：机械工业出版社，2011.

[3] 余强．设计学概论 [M]. 重庆：重庆大学出版社，2013.

[4] 郭振山．视觉传达设计原理 [M]. 北京：机械工业出版社，2011.

[5] 张骏霞．工业设计概论 [M]. 北京：海军出版社，2008.

[6] 吴翔．产品系统设计 [M]. 北京：中国轻工业出版社，2017.

[7] 许喜华．工业设计概论 [M]. 北京：北京理工大学出版社，2008.

[8] 佟强．产品设计概论 [M]. 哈尔滨：哈尔滨工业大学出版社 2014.

[9] 张明，陈嘉嘉．产品造型实务 [M]. 南京：江苏美术出版社 2005.

[10] 王军，陈思宇．产品设计材料与工艺 [M]. 北京：中国水利水电出版社，2013.

[11] 叶德辉．产品设计表现 [M]. 北京：电子工业出版社，2014.

[12] 程能林．工业设计概论 [M].2 版．北京：机械工业出版社，2005.

[13] 冯涓．工业产品艺术造型设计 [M]. 北京：清华大学出版社，2004.

[14] 张展，王虹．产品设计 [M]. 上海：上海人民美术出版社，2002.

[15] 刘永翔．产品设计 [M]. 北京：机械工业出版社，2008.

[16] 吴清，翁春萌．产品设计概论 [M]. 武汉：武汉大学出版社，2012.

[17] 徐勇民．产品设计表现技法 [M]. 武汉：湖北美术出版社，2009.

[18] 张骏霞．产品设计——系统与规划 [M]. 北京：国防工业出版社，2015.

[19] 白晓宇．产品创意思维方法 [M]. 重庆：西南师范大学出版社，2016.

[20] 吴翔．设计形态学 [M]. 重庆：重庆大学出版社，2008.

[21] 李江．设计概论 [M]. 北京：中国轻工业出版社，2015.

[22] 李娜，李娟．设计概论 [M]. 成都：西南交通大学出版社，2013.

[23] 阮宝湘．工业设计人机工程 [M]. 北京：机械工业出版社，2005.

[24] 辛华泉．形态构成学 [M]. 北京：中国美术学院出版社，1999.

[25] 刘国余．产品设计 [M]. 上海：上海交通大学出版社，2000.

[26] 陈汗青．产品设计 [M]. 武汉：华中科技大学出版社，2005.

[27] 何晓佑．产品设计程序与方法 [M]. 北京：中国轻工业出版社，2003.

[28] 陈仲琛．工业造型设计基础教程 [M]. 沈阳：辽宁美术出版社，2000.

[29] 李亦文．产品设计原理 [M]. 北京：化学工业出版社，2003.

[30] 刘立红．产品设计工程基础 [M]. 上海：上海人民美术出版社，2005.

[31] 李砚祖 . 产品设计艺术 [M]. 北京：中国人民大学出版社，2005.

[32] 凌继尧 . 艺术设计概论 [M]. 北京：北京大学出版社，2012.

[33] 尹定邦 . 设计学概论 [M]. 长沙：湖南科学技术出版社，2002.

[34] 王介民 . 工业产品艺术造型设计 [M]. 北京：清华大学出版社，2001.